# 2007 ENR "中国承包商60强" 之前10强

(百万人民币 in RMB millions)

| 排名<br>Rankings | 公司名称<br>Company Name | 总承包项目营业额(百万人民币)<br>General Contracting Gross Revenue | 中国国内项目<br>Domestic | 国际项目<br>International |
|---|---|---|---|---|
| 1 | 中国中铁股份有限公司<br>China Railway Group Limited | 166108 | 160973 | 5135 |
| 2 | 中国铁建股份有限公司<br>China Railway Construction Corporation Limited | 149368 | 144308 | 5060 |
| 3 | 中国建筑工程总公司<br>China State Construction Engineering Corporation | 126832 | 106099 | 20733 |
| 4 | 中国交通建设集团有限公司<br>China Communications Construction Group (Ltd.) | 109543 | 83198 | 26345 |
| 5 | 中国冶金科工集团公司<br>China Metallurgical Group Corporation | 87492 | 83912 | 3580 |
| 6 | 上海建工(集团)总公司<br>Shanghai Construction (Group) General Co. | 50210 | 45570 | 4640 |
| 7 | 中国东方电气集团公司<br>Dongfang Electric Corporation | 23718 | 21183 | 2535 |
| 8 | 北京建工集团有限责任公司<br>Beijing Construction Engineering Co., Ltd. (Group) | 21425 | 20691 | 734 |
| 9 | 浙江省建设投资集团有限公司<br>Zhejiang Construction Investment Group Co., LTD | 21179 | 20071 | 1108 |
| 10 | 北京城建集团有限责任公司<br>Beijing Urban Construction Group Co., Ltd. | 20648 | 20607 | 41 |

# 2007 ENR "中国设计商60强" 之前10强

(百万人民币 in RMB millions)

| 排名<br>Rankings | 公司名称<br>Company Name | 设计总营业额(百万人民币)<br>Design Services Revenue | 中国国内项目<br>Domestic | 国际项目<br>International |
|---|---|---|---|---|
| 1 | 中国石化工程建设公司<br>SINOPEC Engineering Incorporation | 5172 | 4257 | 915 |
| 2 | 中国水电工程顾问集团公司<br>China Hydropower Engineering Consulting Group Co. | 4322 | 4249 | 73 |
| 3 | 中国电力工程顾问集团公司<br>China Power Engineering Consulting Group Co. | 3684 | 3516 | 168 |
| 4 | 中国成达工程公司<br>Chengda Engineering Corporation of China | 1827 | 277 | 1550 |
| 5 | 上海现代建筑设计(集团)有限公司<br>Shanghai Xian Dai Architectural Design (Group) Co.,Ltd. | 1539 | 1499 | 40 |
| 6 | 中铁二院工程集团有限责任公司<br>China Railway Eryuan Engineering Group Co., Ltd. | 1392 | | |
| 7 | 中国水电顾问集团成都勘测设计研究院<br>Chengdu Hydroelectric Investigation & Design Institute of CHECC | 1209 | | |
| 8 | 中国建筑设计研究院<br>China Architectural Design & Research Group | 1174 | | — |
| 9 | 铁道第四勘察设计院<br>The Fourth Survey and Design Institute of China Railway | 1037 | 1037 | — |
| 10 | 广东省电力设计研究院<br>Guangdong Electric Power Design Institute | 934 | 934 | — |

**ENR**

美国麦格劳-希尔公司商业信息集团上海办事处
上海市南京西路1515号嘉里中心1601室
电话:86-21-22080855
传真:86-21-22080850

建筑时报社:上海市延安东路110号315室(200002)
联系人:李青 沈琦
电 话:021-63214266 传 真:021-63214266
电子邮件:top60@sina.com

欲获"双60强"整体榜单请访问《工程新闻记录》英文网站:www.enr.com或《建筑时报》网站:www.jzsbs.com

TRANE®
特灵空调

# 会呼吸的建筑
## 让生活回归自然

# High Performance Buildings for Life

**Life 1** 每栋建筑都是有机体，是特灵赋予建筑以生命

**Life 2** 我们协助业主在建筑的全寿命周期内获得最大化的价值

**Life 3** 我们同时用舒适和健康关怀着在每栋建筑中停驻的人们

# ARCHITECTURAL
# RECORD

| | |
|---|---|
| EDITOR IN CHIEF | **Robert Ivy,** FAIA, *rivy@mcgraw-hill.com* |
| MANAGING EDITOR | **Beth Broome,** *elisabeth_broome@mcgraw-hill.com* |
| DESIGN DIRECTOR | **Anna Egger-Schlesinger,** *schlesin@mcgraw-hill.com* |
| DEPUTY EDITORS | **Clifford Pearson,** *pearsonc@mcgraw-hill.com* |
| | **Suzanne Stephens,** *suzanne_stephens@mcgraw-hill.com* |
| | **Charles Linn,** FAIA, Profession and Industry, *linnc@mcgraw-hill.com* |
| SENIOR EDITORS | **Sarah Amelar,** *sarah_amelar@mcgraw-hill.com* |
| | **Joann Gonchar,** AIA, *joann_gonchar@mcgraw-hill.com* |
| | **Russell Fortmeyer,** *russell_fortmeyer@mcgraw-hill.com* |
| | **Jane F. Kolleeny,** *jane_kolleeny@mcgraw-hill.com* |
| PRODUCTS EDITOR | **Rita Catinella Orrell,** *rita_catinella@mcgraw-hill.com* |
| NEWS EDITOR | **James Murdock,** *james-murdock@mcgraw-hill.com* |
| DEPUTY ART DIRECTOR | **Kristofer E. Rabasca,** *kris_rabasca@mcgraw-hill.com* |
| ASSOCIATE ART DIRECTOR | **Encarnita Rivera,** *encarnita_rivera@mcgraw-hill.com* |
| PRODUCTION MANAGER | **Juan Ramos,** *juan_ramos@mcgraw-hill.com* |
| WEB DESIGN | **Susannah Shepherd,** *susannah_shepherd@mcgraw-hill.com* |
| WEB PRODUCTION | **Laurie Meisel,** *laurie_meisel@mcgraw-hill.com* |
| EDITORIAL SUPPORT | **Linda Ransey,** *linda_ransey@mcgraw-hill.com* |
| ILLUSTRATOR | **I-Ni Chen** |
| CONTRIBUTING EDITORS | **Raul Barreneche, Robert Campbell,** FAIA, **Andrea Oppenheimer Dean, David Dillon, Lisa Findley, Blair Kamin, Nancy Levinson, Thomas Mellins, Robert Murray, Sheri Olson,** FAIA, **Nancy B. Solomon,** AIA, **Michael Sorkin, Michael Speaks, Ingrid Spencer** |
| SPECIAL INTERNATIONAL CORRESPONDENT | **Naomi R. Pollock,** AIA |
| INTINTERNATIONAL CORRESPONDENTS | **David Cohn, Claire Downey, Tracy Metz** |
| GROUP PUBLISHER | **James H. McGraw IV,** *jay_mcgraw@mcgraw-hill.com* |
| VP, ASSOCIATE PUBLISHER | **Laura Viscusi,** *laura_viscusi@mcgraw-hill.com* |
| VP, GROUP EDITORIAL DIRECTOR | **Robert Ivy,** FAIA, *rivy@mcgraw-hill.com* |
| GROUP DESIGN DIRECTOR | **Anna Egger-Schlesinger,** *schlesin@mcgraw-hill.com* |
| DIRECTOR, CIRCULATION | **Maurice Persiani,** *maurice_persiani@mcgraw-hill.com* |
| | **Brian McGann,** *brian_mcgann@mcgraw-hill.com* |
| DIRECTOR, MULTIMEDIA DESIGN & PRODUCTION | **Susan Valentini,** *susan_valentini@mcgraw-hill.com* |
| DIRECTOR, FINANCE | **Ike Chong,** *ike_chong@mcgraw-hill.com* |
| PRESIDENT, MCGRAW-HILL CONSTRUCTION | **Norbert W. Young Jr.,** FAIA |

Editorial Offices: 212/904-2594. Editorial fax: 212/904-4256. E-mail: rivy@mcgraw-hill.com. Two Penn Plaza, New York, N.Y. 10121-2298. web site: www.architecturalrecord.com. Subscriber Service: 877/876-8093 (U.S. only). 609/426-7046 (outside the U.S.). Subscriber fax: 609/426-7087. E-mail: p64ords@mcgraw-hill.com. AIA members must contact the AIA for address changes on their subscriptions. 800/242-3837. E-mail: members@aia.org. INQUIRIES AND SUBMISSIONS:Letters, Robert Ivy; Practice, Charles Linn; Books, Clifford Pearson; Record Houses and Interiors, Sarah Amelar; Products, Rita Catinella; Lighting, William Weathersby, Jr.; Web Editorial, Randi Greenberg

## McGraw_Hill CONSTRUCTION

The McGraw-Hill Companies

# 建筑实录 年鉴 VOL .3/2007

**主编 EDITORS IN CHIEF**
Robert Ivy, FAIA, *rivy@mcgraw-hill.com*
赵晨 *zhaochen@china-abp.com.cn*

**编辑 EDITORS**
Clifford A. Pearson, *pearsonc@mcgraw-hill.com*
张建 *zhangj@china-abp.com.cn*
率琦 *shuaiqi@china-abp.com.cn*

**新闻编辑 NEWS EDITOR**
James Murdock , *james_murdock@mcgraw-hill.com*

**撰稿人 CONTRIBUTORS**
Dan Elsea, Andrew Yang, Christopher Kieran

**美术编辑 DESIGN AND PRODUCTION**
Anna Egger-Schlesinger, *schlesin@mcgraw-hill.com*
Kristofer E. Rabasca, *kris_rabasca@mcgraw-hill.com*
Clifford Rumpf, *clifford_rumpf@mcgraw-hill.com*
Juan Ramos, *juan_ramos@mcgraw-hill.com*
冯霖铮
杨勇 *yangyongcad@126.com*

**特约顾问 SPECIAL CONSULTANTS**
支文军 *ta_zwj@163.com*
王伯扬

**特约编辑 CONTRIBUTING EDITOR**
戴春 *springdai@gmail.com*

**翻译 TRANSLATORS**
孙 田 *tian.sun@gmail.com*
姚彦彬 *yybice@hotmail.com*
钟文凯 *wkzhong@gmail.com*
王 珩 *gented@gmail.com*
姚东海 *dyao@oma.nl*
茹 雷 *ru_lei@yahoo.com*
罗超君 *bonnie_qq@hotmail.com*
李颖春 *Leecn-1981@hotmail.com*

**中文制作 PRODUCTION, CHINA EDITION**
同济大学《时代建筑》杂志工作室 *timearchi@163.com*

**中文版合作出版人 ASSOCIATE PUBLISHER, CHINA EDITION**
Minda Xu, *minda_xu@mcgraw-hill.com*
张惠珍 *zhz@china-abp.com.cn*

**市场营销 MARKETING MANAGER**
Lulu An, *lulu_an@mcgraw-hill.com*
白玉美 *bym@china-abp.com.cn*

**广告制作经理 MANAGER, ADVERTISING PRODUCTION**
Stephen R. Weiss, *stephen_weiss@mcgraw-hill.com*

**印刷/制作 MANUFACTURING/PRODUCTION**
Michael Vincent, *michael_vincent@mcgraw-hill.com*
Kathleen Lavelle, *kathleen_lavelle@mcgraw-hill.com*
Roja mirzadeh, *roja_mirzadeh@mcgraw-hill.com*
王雁宾 *wyb@china-abp.com.cn*

著作权合同登记图字：01-2007-2152号

**图书在版编目（CIP）数据**
建筑实录年鉴. 2007.03 /《建筑实录年鉴》编委会编.
北京：中国建筑工业出版社，2007
ISBN 978-7-112-09792-0
Ⅰ.建…Ⅱ.建…Ⅲ.建筑实录—世界—2007—年鉴 Ⅳ.TU206-54
中国版本图书馆CIP数据核字（2007）第191792号

建筑实录年鉴VOL.3/2007

中国建筑工业出版社出版、发行（北京西郊百万庄）
各地新华书店、建筑书店经销
上海当纳利印刷有限公司印刷
开本：880×1230毫米 1/16 印张：4¾ 字数：200千字
2007年12月第一版 2007年12月第一次印刷
印数：1—10000册
定价：**29.00元**
ISBN 978-7-112-09792-0
（16456）
版权所有 翻印必究
如有印装质量问题，可寄本社退换
（邮政编码 100037）
本社网址：http://www.china-abp.com.cn
网上书店：http://www.china-building.com.cn

心灵说，"幕墙要设计成绿色。"
理智说，"幕墙要设计得实用有效。"
智慧说，"幕墙要设计得经济省钱。"

**CENTRIA FORMAWALL™ 绝缘金属组合幕墙**

如今，在世界任何地方都可获得这一自然与经济现实达到完美结合的幕墙。
请访问最新网站 **www.CENTRIAgreenworld.com**，详细了解 CENTRIA Worldwide 所提供的各种建筑解决方案。
让我们携起手来，共同营建一个更清洁、更健康、更节约的世界！

CENTRIA
WORLDWIDE

中国：**+86.21.5831.2718**　　迪拜：**+971.4.339.5110**　　新加坡：**+65.6.2276.838**　　北美：**1.800.752.0549**

# ARCHITECTURAL RECORD

## 建筑实录 年鉴 VOL.3/2007

**封面**：形态小组设计的美国联邦楼，摄影：Nic Lehoux
**右图**：福斯特合伙人事务所及其他合作者设计的米洛高架桥，摄影：Daniel Jamme

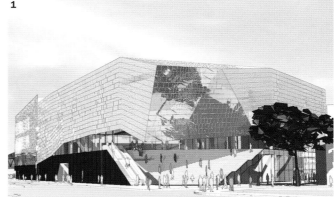

1. 夏尔地区规划，大都会建筑事务所
2. 曼谷的素万那普机场，墨菲/扬建筑事务所
3. 世界贸易中心7号楼，SOM建筑设计事务所

以上作品介绍，建筑类型研究以及相关延伸内容请登陆 www.architecturalrecord.com.

# 2008 全球建筑峰会
## GLOBAL CONSTRUCTION SUMMIT

# 和谐发展　互利共赢
## Building Alliances for Mutual Success

2008 年 4 月 10 日－12 日
中国　北京　嘉里中心饭店

继成功举办 2004、2006 两届全球建筑峰会，麦格劳－希尔建筑信息公司和中国对外承包工程商会再度联袂打造 **2008 全球建筑峰会**，将联合国内外建筑业最具影响力的协会和企业，以"和谐发展、互利共赢"为主题，共同探讨国际建筑业热点问题，探索全球市场机会，分享最佳运作经验。演讲嘉宾将就诸多热门话题展开讨论，包括：

- 国际化背景下企业成长的制胜战略是什么？
- 可持续发展的下一步趋势和近期的着眼点有哪些？
- 如何在国际市场建立良好的地方伙伴关系？
- 建立全球人才的发展需要什么？
- 哪些核心的设计及技术创新在影响建筑的未来？

回顾前两届峰会，主办方召集了一大批实力型演讲嘉宾，打破了专业界限，为广大建筑师、工程师、业主、承包商、制造商、技术公司以及保险金融机构和法律专家创造一个共同探讨中国及全球热点问题的平台，赢得业界广泛好评。450 多位高层代表齐聚一堂，其中超过三分之一是国际代表。

本次峰会将继承历届峰会"高水准、大平台"的风格，并新增三场针对三个国际热点市场的分组讨论。此外，还将有一场别开生面的、与全球知名建筑企业首席执行官、首席运营官的现场对话。大会将在 ENR 225 强和 200 强公司颁奖典礼的乐章中结束。精彩的内容，让您必有所获！

**www.construction.com/event/BeijingSummit/**

报名请联络：李丽莎小姐 (8621) 22080856　lisha_li@mcgraw-hill.com　　赞助机会请联络：钱鸣小姐 (8621) 22080855　ming_qian@mcgraw-hill.com

# 工程引导建筑新潮流
# Engineering the
# new wave of architecture

**因为在结构、机械和环境方面的先进性，工程正引导设计进入新的方向**

**By Clifford A. Pearson and 赵晨**

在中国，大胆的结构和技术创新建筑越来越多，对工程的关注程度也从未像今天那么强烈。上个月我去北京参观了CCTV大楼的施工现场，在几周前工作人员就已经有计划地开始连接那对70m长的悬臂梁，使之悬挑36层高。要连接大楼的连续结构塔楼需要十分高的精密度，因为太阳在一段时间内只使得大楼的一侧温度升高，从而影响钢结构的尺寸，所以连接的工作必须在黄昏两侧温度相同时才得以进行，工人们只有一个小时时间去连接大楼的两半。

一个项目会有如此高的难度，所以建筑师和工程师必须在同一团队、同一时间进行合作。而且因为CCTV大楼设计的几乎每个方面都会有结构问题，库哈斯大都会建筑事务所（OMA）的建筑师和奥雅纳（ARUP）工程咨询有限公司的结构工程师必须共同协作才能完成。与传统的线性工作方式中建筑师设计完之后就把图交给工程师处理不同，CCTV大楼项目中真正意义上的合作才是其根本。

国外工程师在最近参与了近乎中国所有的挑战性项目。但这种情况将会改变，能干的中国工程师最终会在前卫的设计项目中起领导作用，就像现在的创新项目开始由新兴一代的中国建筑师所引导一样。

这期《建筑实录》中文版将关注建筑和工程的交融。安德鲁·扬(Andrew Yang)讲述了在中国工作的工程师，拉普卜特(Nina Rappaport)则观察了国外工程师在和建筑师合作过程中角色的转变情况，她认为工程师也开始像顶级国际建筑师一样成为明星。这种趋势始于20世纪的50和60年代，当时奥维·阿鲁普（Ove Arup）、费赖·奥托(Frei Otto)、奈尔维（Pier Luigi Nervi）和罗伯特·马亚尔（Robert Maillart）等工程师已经确立了他们伟大的形体创造者的地位。在今天这个传统由塞西尔·巴尔蒙德(Cecil Balmond)、诺德森(Guy Nordenson)和佐佐木（Matsuro Sasaki）等人继续传承下来。

我们同样也展现了阿姆斯特丹、旧金山、曼谷、法兰克福等地在桥梁和建筑创新项目上的合作。这些项目不仅仅具有非凡的形式和令人惊奇的结构，而且像其他最优秀的新设计一样，以机械和环境工程方面的特点证明了其价值。所以它们不仅美观，而且在功能上同样优秀，并成为可持续设计的典范。

摄影©Tim Griffith

**建筑工人正在连接CCTV大楼的两个塔楼**

# 新闻 News

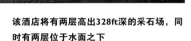

## 即将建于松江采石场中的度假酒店

英国阿特金斯建筑事务所(Atkins Architecture)设计了一个400床位的度假酒店,该酒店基地位于中国最为独特的地方之一:一个328ft(1ft=0.3048m)深且被水淹没的废弃采石场。

项目地处上海附近具有田园风味的松江区,面积达42万ft²(1ft²=0.0929m²),其高度比采石场岩石面高两层。设计的形状和构思都来自采石场本身,如建筑西翼的凸起和东翼的凹进。酒店两翼自然地围合出一个位于建筑物和采石场中间的轻盈内部前庭,现存的带瀑布的岩石表面和绿色植被成为它戏剧性的背景。前端的玻璃中庭由聚氟乙烯塑料和玻璃组成,采用了瀑布似的形状。交错排列的客房外是连续浇筑的混凝土阳台,这些悬挑的阳台模仿了采石场的岩层形状,并能给南向房间遮阳。

"其他参赛方案都比较线性化,但我们认为在这个项目中有机的形状将更加适合,"阿特金斯建筑事务所设计团队的主创设计师马丁·约赫曼(Martin Jochman)说。

酒店中位于水下的两层是餐馆和客房,正对着一个32ft深的水族馆。最底的两层用作休闲设施,包括一座泳池和水上运动项目馆。酒店同样具有会议设施、宴会中心、餐饮咖啡以及运动设施等。悬挑且过采石场东部的极限运动中心(马丁说它的外形"像一个飞碟")通过酒店的水上专用电梯来进出,提供了攀岩、蹦极等运动设施。

酒店的结构体系深入水下岩层,并在很多地方和采石场的火成岩表面相连接。设计采用了可持续发展技术,包括绿色屋顶、光电板,采石场本身的自然冷却系统以及利用地热能给酒店供电和供热等。

项目耗资3.2亿,将于2010年上海世博会时完成。开发商将于近期宣布和阿特金斯建筑事务所合作的中国设计单位。

Sam Lubel 著

该酒店将有两层高出328ft深的采石场,同时有两层位于水面之下

## 深圳福田文化中心的博物馆和展览馆

维也纳的蓝天组(Coop Himmelb(l)au)设计了深圳新的文化建筑,包括一个当代艺术中心和一个展览馆。该项目由深圳市文化局和市规划局委托,面积达10.3万m²,提供了一个光线充盈的室内广场并和正在兴建的福田文化中心其他部分相连接。黑色电镀金属和黑色玻璃构成的建筑旋转而上达7层之高,创造出建筑师所说的"似波浪凝固在城市景象之中的雕塑品"。

建筑地面层将作为重要入口大厅和引导空间,它由咖啡厅、酒吧、书店、博物馆商店、活动空间和雕塑花园等组成。一个巨型双圆锥体从整个结构中升起,提供了垂直交通并为各楼层带来了日光。建筑的地下层是当代艺术博物馆,地上层则作为市规划局的展览空间。庞大的步行体系在双圆锥体内螺旋而上,通向上面楼层中不同的共享空间以及和临近青少年活动中心相连接的一座桥。

一个多功能的"网格"屋顶不仅使得日光进入规划展览空间,而且同时能形成屋顶花园,收集雨水并作为结构支撑以消除从下面展览厅上来的柱子。建筑的特色还在于一系列基于可持续的设计策略,包括使用光电单元产生能量,内部空间使用日照照明减少对电光的需求,中水的循环使用以及把需要温度、湿度调节的艺术和展览空间从不需要谨慎调节环境的空间中分离出来等。

Clifford A. Pearson 著

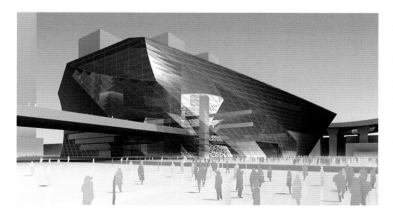

建筑师使得建筑活跃了深圳的公共领域

## 新型社区将在重庆出现

位于重庆市中心附近、有3000个居住单元的一个功能混合新开发区将重庆市及其滨水地区联系了起来。该项目总体规划和设计由美国加利福尼亚州圣莫尼卡的莫尔-罗博-亚德（Moore Ruble Yudell）事务所完成。项目名为"春森彼岸"，基地位于嘉陵江边靠近嘉陵江和长江的交汇处，占地13.8hm²，地形险峻倾斜。

总体规划设计了一条正式的"城市"轴线，从基地高处的居住区开始，到下面的滨水公园结束，同时还有一条非正式的"自然"轴线蜿蜒而过基地。从北至南，城市轴线包括了一组巨大的台阶，这些台阶成为重庆城或者说这个多山地区传统的

街道-台阶记忆。自动扶梯的设置使得上下很方便，沿台阶布置的商店和观景平台创造出积极的城市体验。非正式轴线贯穿东西，加强了人们对从前在城市中穿行的路径的记忆。"我们想要把重庆的历史和它的自然地形联系起来，"MRY事务所该项目主要负责人詹姆斯·玛丽·奥康纳（James Mary O'Connor）说。

MRY事务所设计了一个低、中、高密度混合的住宅区，并随着基地斜度的增加建筑高度也逐渐增加，创造出人工的山形排列。建筑师把每个建筑旋转，使住宅得到良好的景观，并在建筑物之间的空间中形成了对嘉陵江的观景区。"设计理念是使塔楼在

一系列大型台阶和自动扶梯将作为该区域的主要轴线

基地上舞蹈起来"，詹姆斯·玛丽·奥康纳说。

"春森彼岸"将包括5个住区，每个住区被组织在各不相同的公共元素周围，如大台阶或滨水步行区。公园和平台等开放空间将成为各住区的焦点。景观设计中的渗透性表面减少

了雨水的流失，同时获取和回收雨水作为中水使用。

龙湖地产公司是一家重庆的私人公司，它将负责该项目的开发并且已经开始基地工程，而建筑工程将于2008年开始。

Clifford A.Pearson 著

## 上海闸北区新规划希望复兴该地区滨水区域

纽约的迈克尔·索尔金工作室（Michael Sorkin Studio）完成了上海闸北区的总体规划，意在改造和激活该地区被忽视的滨水区。该规划用地

77hm²，位于上海火车站和苏州河中间，其目标是优化地区作为城市门户区的潜力，并为该地区快速而任意的高密度发展制定出指导方针。

规划使用了一系列策略来使滨水区重获新生，包括保留和整修历史性建筑和仓库、沿边界创建休闲娱乐空间、改善该区域到苏州河的可见性和可达性以及通过增加步行桥来加强河两边的联系。

规划旨在通过建立完整的自行车和步行系统来抵抗上海逐渐增多的汽车使用趋势。由道路景观和通过式街区通道组成的网络将以低能耗的交通方式振兴该地区，同时保留相同等级的历史小尺度结构，这些环境正在因为超级街区和塔楼的兴建而消失。指导方针还规定了地面面积比例和高度限制。

"我们努力保留残留下来的肌理、分级化的尺度、高品质的步行通道等上海建筑最好部分所原有的东西"，迈克尔·索尔金说："通过式街区通道的建立将抑制过度的开发，通过这样的方法可以限制建筑物的尺度。"

规划不仅寻求建立居住、商业、文化和休闲娱乐之间的平衡，以铸造一个富有生命力的、自足的区域，而且同时要求复原各种历史结构组织，以及在苏州河沿岸、林荫大道和建筑屋顶上进行大量的绿化。

制定总体规划只是第一步，建筑师还设计了新的建筑物，包括10个20~30层的功能混合型塔楼，其外形让人联想起具有中国传统风格的山脉形式。其中一些建筑组成了临近滨水区的中央"联合广场"交通综合体，该交通体与地铁、公交和出租车等相连接。

该规划最终完成日期还没有确定，但是该地区希望在2010年上海举办世博会时创造一些里程碑。

Jacqueline Khiu 著

绘制：© TERREFORM（闸北区规划）

**该规划设计鼓励步行和骑自行车等活动**

# 中国：前景
# CHINA: NEXT

《建筑实录》首次在华专业研讨会纪实

2007年10月30日　上海·夏朵花园

上海新天地项目是对历史的恰当运用还是一种虚假欺骗呢？中国建筑业的快速发展是给优秀建筑师创造了机会还是仅仅是程式化的设计呢？艺术仅是某种被买卖的商品还是一种可以使建筑师从画家、雕塑家、装置艺术家那里学习的东西呢？建筑师能真正给予缺乏金钱和权力的人以帮助吗？在中国：前景（China: Next）研讨会上很多建筑师、设计师、规划师和记者对这些问题进行了讨论。该研讨会为期一天，由《建筑实录》在上海举办。

会议的发言嘉宾来自国内外各个学科领域，不论中外现在都在中国工作。来自不同领域的80多位听众也热烈参与了讨论。整个会议共分为"怀旧"、"金钱"、"社会公正"和"艺术"四个小组的讨论。以下是精彩发言的集锦。

## 讨论会一：怀旧。当代中国设计师如何运用/错用历史和记忆
## Panel Discussion 1: Nostalgia. How contemporary architects in China are using/misusing history and memory

主持人：Clifford .A Pearson　《建筑实录》责任编辑
发言人：郭锡恩 / 胡如珊，如恩设计研究室创始人
　　　　Shirley Chang, Chang Bene Design主持建筑师
　　　　刘泓志，易道（北京）执行总监/易道亚洲区城市设计总监

**主持人**：第一个主题是怀旧，我们试图呼唤起以前的记忆，并用现代方式表达这种记忆。现在有些建筑太糟了，它们用一种假的方式使用了历史。但是同时我们也看到更年轻一代的中国设计师有一种更通达的办法来处理历史。上海新天地的项目是一个著名的案例，在这个案例中整个城市的记忆运用是怎么样的？我们有什么经验教训呢？是不是有一些手段帮助我们阐发过去的历史、传统以及过去如何使用空间？

**胡如珊**：Nostalgia "乡愁"这个词可以分为两个部分：一个是回家，一个是渴望，所以连起来是一种回家的渴望，并在后来和文化越来越多地相联系。对于新天地这个项目来说，确实有怀旧这样的情怀，它在精神层面当中把弄堂重新开始塑造，而且为上海营造了非常好的氛围，也使得整个周围房地产业的价值不断攀升。这是一个历史的运用，至于是否正确是见仁见智的。形式和内容这两个部分的结果对我们来说就是如何适当地去阐发文化。中国是不是一种特定的形式，是不是一定有中国性的形式，我们要通过更深的哲学和历史来理解，才可以给出一个现代的建筑形式。

**郭锡恩**：从商业的角度来说新天地是非常成功的，把商业和弄堂两个角度有机地结合起来。我担心的是如果其他的城市不理解它的精髓，把乡愁作为功能计划，只是用一种装饰的手法来模仿。

**Shirley Chang**：关于怀旧的问题，我们更多是把自己处于这个氛围中，由然而发地进行改造。建筑可以试图模仿过去的形式，也可以从过去受到启发，然后转化它。前一种是直接的拷贝，后一种则是转化。在转化中需要创造性的能量，而不只是线性的，如第二次世界大战之前的现代主义道路。我们现在的建筑师因为大众的喜欢也进一步向商业发展，但是我们应该摆脱这样的框框。

**刘泓志**：从怀旧的角度来说，我们应该回味一下整个的大环境或者过去的感

觉，而不是仅仅从建筑物的角度来看。更激进的话，在未来我们可以创造全新的记忆，你的作品可以成为未来怀旧的作品。新天地的项目是非常成功的，尽管从社会和道德评价上大家有不同的标准，但是我相信新天地这个项目是一个非常好的建筑师的里程碑。我们也特别需要基于不同城市的本地化思考。

## 讨论会二：金钱。经济繁荣如何推动/扭曲了现在的设计
## Panel Discussion 2: Money. How the booming economy is driving/distorting design today

主持人：Robert Ivy《建筑时录》总编兼麦格劳-希尔建筑信息公司编辑事务副总裁
发言人：支文军，《时代建筑》主编
　　　　朱锫，朱锫建筑设计事务所主持建筑师
　　　　周学望，SOM中国办事处业务总监
　　　　华霞红，同济大学建筑与城市规划学院博士

**主持人**：现在我们要谈金钱与建筑之间的关系。在中国不仅是建筑师要引导建筑的方向，金钱也会引导建筑的方向，但并不是所有人都意识到了。

**朱锫**：现在金钱是中国所有发展的驱动力，从文化、工业、社会结构、城市化、经济发展当然还有建设都是如此。前所未有的城市化发展速度导致了比较差的决策。在美国、欧洲，城市需要百年的建设，在中国10年、20年就需要赶上这个速度，所以每年差不多有20个城市在中国平地而起。中国的城市化进程可以分为两个阶段，一个是90年代初期，并不是非常成熟，一个是2000年以后，这时候开始成熟起来。

**支文军**：金钱是非常重要的环节，在中国快速发展的背景下，消费主义文化已经成为至关重要的创造语境，建筑文化本体的思考发生了很多的变化，从空间转向表象，从技术革新转向文化认同，从乌托邦的社会理想转向日常社会生活环境。经济社会和文化发展的不一致性是中国当代建筑存在风格化、流行化、印象化的趋向，而且表现得极为混杂，具有视觉震撼力和广泛影响力的形象工程被视为经营城市的主要文化策略。建筑的影像化也使建筑价值和物质使用走向视觉感知的一部分。消费主义文化使建筑学颠覆了现代主义的美学权威和经营主义的影响而走向了大众和经营的融合，但是同时对中国当代主义建筑也造成了一些危机，尤其是对于建筑独立价值观的判断危机。以前在中国建筑师的培养过程中，可能会比较少地考虑到怎么样来融资，现在随着建筑的发展，越来越多的事务所开始介入项目的前期工作，这是中国本土建筑师工作范围的拓展。

**华霞红**：在消费文化与经营下，建筑将成为一种符号资本。符号资本实际上是一个多种资本的综合，是一种抽象的资本。建筑转化为符号资本并不是仅仅涉及到建筑的经济价值，而是涉及到建筑整体价值体系的改变，这种改变对建筑的决策、创造和评价都产生了深刻的影响。建筑成为符号资本的积极意义是对差异的追求，实际上刺激了对独特性、创新、多样性的高要求。但消极意义是文化变成了粗糙的西方拷贝，造成了全球文化的同质化，而且过分的追求差异会造成缺乏稳定的价值观，使人们加剧对自己身份的焦虑。

**周学望**：东亚的建筑价值体系和西方很不一样，在日本房子就是商品，这个房子不能用就

会被推倒，在中国可能要考虑对于周边的风景和社区会造成什么样的影响。所以我觉得中西方可能会有比较大的差异。

## 讨论会三：社会公正。设计师和规划者在设计中如何顾及到/忽略掉不同社会经济群体

**Panel Discussion 3: Social Justice. How architects and planners are engaging/ignoring people of different socio-economic groups in their designs**

主持人：Clifford A. Pearson　《建筑实录》责任编辑
发言人：姜珺，《城市中国》主编
　　　　Wei Wei Shannon，People's Architecture Foundation和ArcXchange的首创人之一
　　　　王辉，URBANUS都市实践建筑设计事务所合伙人，主持建筑师

**主持人**：这个主题是有关社会公正的。建筑师无法控制金钱，也无法控制立法，但是并不意味着建筑师是没有好恶能力和权利的。有一些领域可以通过建筑师施展影响。通过什么途径建筑师可以投入，可以让弱势的人能够得到帮助呢？

**王辉**：作为建筑师，工作总会包含着社会的层面。在我们所有的项目中，都试图让弱势的人能够参与，这虽是一个很简单的想法，但只要在整个过程中加那么一点儿，也许就可以改变很多情况。中国的诗人杜甫说过，"大庇天下寒士尽欢颜"。如果你有善意的话，总会有机会实现的。社群有他们的生命，在美国社群有这样的制度。作为建筑师你的想法可以提升他们的生活质量，就像毛主席说的这叫"为人民服务"。

**姜珺**：以前人与人之间有一些不公正的贫富分配，现在特别强调要消除这些不公正，要创造和谐社会，这是一种体制上的变化，只有通过这种方式城市之间的差异才可以在未来得到平衡。有很多的建筑师做低造价住宅，而人们却指责建筑师做社会住宅不够。我想主要是因为我们的时机还没有到，这样的情况只有政府才可以转变。这已经超越了设计师的能力。

**Wei Wei Shannon**：在美国有一些本土的艺术家组织当地人为当地人做一些事情。在中国这样的事情也完全有可能发生，人们有这样的欲望。

## 讨论会四：艺术。设计师如何从其他艺术领域的想法中汲取养分/受其误导的

**Panel Discussion 4: Art. How architects are learning from/being led astray by ideas from other fields of art**

主持人：Robert Ivy《建筑时录》总编兼麦格劳-希尔建筑信息公司编辑事务副总裁
发言人：Robert Bernell，香港东八时区出版社创办者
　　　　Michele Saee，洛杉矶Michele Saee建筑事务所总建筑师
　　　　姚嘉珊，MKSYIU 工作室总建筑师
　　　　Michael Sorkin，Michael Sorkin 工作室

**主持人**：第四主题是有关艺术的。中国在近几年有一个爆发，对于和艺术之间的关联我们非常关注，特别是对一些中国的历史遗迹在整个建筑当中所扮演的角色。其实我们可以用一种全新的方式重新创建一种风景，建筑师可以通过融资的方法来创造这样的风景，怎么可以把艺术和建筑相关联起来呢？

**罗伯特·伯纳欧**：这里引用我的一个收藏家朋友所说的，他拿了旅行护照去中国参观，当时的旅行社都是带他看1911年之前中国的名胜。他问导游今天的中国有什么可以看的，导游说不出来。我想可能当代的中国就是在这里，这是非常草根的一种艺术。我觉得一个现代化的艺术就像纽约的现代艺术馆一样，对于艺术家来说他们希望更多地返回个人主义，而且艺术更多地关注商业上的成功。现在有一种偶像崩溃的情形出现，这或许是一种新的中国文化的开端。相对于美国来说可以比拟的可能是嬉皮时期，艺术通过商业手段被孵化。

**Michele Saee**：我并不觉得建筑能够跟艺术等同，艺术有特别的功能，建筑是为艺术服务的。更多的情况客人跟你谈的是公用，而不是说艺术效果。建筑作为一个有价值的商品，是通过建筑师的创意还有客户的融资来决定的。从商业角度来说，我们必须创造利润来维持，惟有如此我们才可以使这个项目开展下去。我们要为客户提供服务，来帮他们创建出各式各样的功能，最终的目标也是为了利润。

**姚嘉珊**：我们可以通过艺术来重新定义建筑，进行可持续的设计。建筑和艺术都可以成为引导公众参与的工具。这是建筑学院教学中的"种你自己的白菜"的项目，让我们想到建筑是一个公众参与的项目。

**Michael Sorkin**：建筑师要承担一些责任，也需要一部分的艺术元素在里面，这样才可以使我们的项目有真正的内涵。另一方面，在整个的设计当中要对客体进行研究，而且要从逻辑的角度进行考虑。中国的变化非常迅速，我们要为自己的创新负责，从以往的经验汲取中国本土的文化。中国像一座大山，和美国的建筑领域完全不同，而且很多中国元素非常明确，能为我们带来不同的灵感。在中国一个很大的问题可能是环境恶化，对于设计师来说更多要从哲学和理念上去考虑这个问题，我们需要一个理性的取代物，这也是我们所说的生态环境和可持续发展。

整理编辑：戴春　姚彦彬

由　　 赞助

鸣谢美国建筑师协会香港分会的大力支持

**By Nina Rappaport**　钟文凯 译　孙田 校

建筑师历来牢牢把握着控制权和作者的地位，一种行业内的转变使工程师在项目初期的设计讨论中被赋予了更加重要的角色，而不仅仅是接受既成事实的顾问。克里斯·怀斯（Chris Wise）曾经在奥雅纳（阿鲁普）公司工作，现在是"探险工程"（Expedition Engineering）的一员，像他这样的结构工程师会在桌面上勾画草图——他这样描述在奥雅纳时与诺曼·福斯特（Norman Foster）在伦敦"千禧桥"（Millennium Bridge）项目中的合作。工程师们在概念设计讨论中举足轻重，他们甚至又在撰写关于结构哲学的书籍。建筑师与工程师之间职业边界的模糊使设计过程变得更加灵活、更富有弹性，因此也更有试验性，为结构工程师们创造了新的空间去弥合数学、自然、技术和设计之间被过于强调的划分。

这种转变可部分归因于当代建筑师们对结构重新燃起的兴趣，大都会建筑事务所（Office of Metropolitan Architecture）与塞西尔·巴尔蒙德（Cecil Balmond）；迈克尔·马尔赞（Michael Maltzan）、斯蒂文·霍尔（Steven Holl）与盖伊·诺登森（Guy Nordenson）；伊东丰雄（Toyo Ito）、矶崎新（Arata Isozaki）与佐佐木睦朗（Mutsuro Sasaki）；建（蓝）天设计组（Coop Himmelb(l)au）[1]与波林格和戈罗曼（Bollinger & Grohmann）是其中的几个例子。这种模式在紧密的合作、开放的设计对话、数码设计和制造技术的巨大进步中逐渐呈现，给建筑物带来了新的"骨骼"配置、可供居住的结构元素的设计、容纳巨大空间的新的结构"皮肤"、找形分析以及与环境的结合。接受这种新的全面整合的结构设计也从自然界发现的诸如水晶、珊瑚和骨骼的内部结构中获取灵感。工程学介于科学与艺术、直觉与经验主义之间，因此其创造潜力常常没有完全被接受。创造力来自对物理、数学以及法规等基本原理的直觉的理解，这些原理虽然抽象，却可以带来物质世界中新的、非常规的技术。结构通常仅以经济和效率为前提进行讨论，但也与美学有关。对当代工程师崛起的思考让人想起上个世纪以来三个重要的设计投入的时刻：早期现代主义时期、20世纪50年代，还有今天，几何学、自然界中的结构，以及合作都在这段简短的历史所描绘的新空间的塑造中扮演了重要的角色。在现代主义运动早期，工程师登台亮相，不管建筑师是否在场，频频获得钢和混凝土大跨度结构的发明专利，例如欧文·威廉姆斯（Owen Williams）的布茨制药厂（Boots）、吉亚科莫·马特-特鲁科（Giacomo Matte-Trucco）的菲亚特汽车厂（Fiat），或者是皮埃尔·路奇·奈尔维（Pier Luigi Nervi）的壳状结构。罗伯特·梅拉特（Robert Maillart）在瑞士以他简约的桥梁结构成为了名副其实的现代设计家，那些得到埃里克·门德尔松（Erich Mendelsohn）和柯布西耶的赞赏、设计粮仓的无名美国工程师也是一样。已故的伦敦结构工程师奥维·奥雅纳（Ove Arup）在他事业的初期给

Nina Rappaport是一位作家、策展人和教师，并担任耶鲁大学建筑学院的出版物负责人。她最新的书《支持和抵抗：结构工程师和设计革新》（Support and Resist: Structural Engineers and Design Innovation）由Monacelli出版社于2007年秋出版发行。

特克顿建筑师（Tecton Architects）设计混凝土工程，例如伦敦动物园的企鹅池（1934年）就是阿鲁普与工程师菲利克斯·塞缪尔利（Felix Samuely）合作设计的。

## 世纪中叶的大师

那些现代结构设计工程师们影响了下一代人，到了20世纪50和60年代，他们在巨大的摩天楼项目等新的建筑类型中充当了更重要的顾问角色。例如，弗雷德里克·塞维拉德（Frederick Severud）和建筑师马修·诺维奇（Matthew Nowicki）在北卡罗来纳州的拉雷体育馆（Raleigh Arena, 1952年）使悬索屋顶的设计成为可能。独特的马鞍造型使它很快成为了工程师们的朝圣目的地，弗兰克·纽比（Frank Newby）、泰德·哈波尔德（Ted Happold）、弗雷·奥托（Frei Otto）都在20世纪50年代初首次访美时来此参观。塞维拉德使结构获得了自由，表现了非线性空间的潜力，摆脱了僵硬的方格网，这种能力也启发了埃罗·沙里宁（Eero Saarinen）在纽黑文的英格尔斯冰球馆（Ingalls Rink, 1956~1959年）的混凝土薄壳。

奥维·阿鲁普在把结构化作一股设计力量的不懈努力中同时也大声疾呼，他在1970年里程碑式的"重要演讲"（Key Speech）中阐述了"整体设计（total design）"和"整体建筑（total architecture）"的概念。对于阿鲁普来说，这两个要点描述了在建筑师与工程师之间、设计与建造之间进行合作的一种必要而有成效的综合。虽然他已于1989年辞世，但其影响广泛，这种影响力不仅来自他创办的公司里的9000名现有员工，同样也来自派生出来的其他公司，例如，已故的泰德·哈波尔德的布罗-哈波尔德事务所（Buro Happold）、已故的彼得·赖斯（Peter Rice）的RFR事务所、简·维尔尼克（Jane Wernick）的事务所、克里斯·怀斯的"探险工程"事务所，以及盖伊·诺登森——他在奥雅纳的纽约分部起步，然后开始自己的实践。奥雅纳跨领域实践模式的发展——结构、设备、机电、给排水、声学、照明等等——带来了深远的影响，然而他在结构创新的探索中决不是孤军作战。杰克·宗兹（Jack Zunz）在约翰·伍重（Jörn Utzon）设计的澳大利亚悉尼歌剧院（1957~1973年）项目中拓展了壳体结构的潜力，赖斯在"高技派"的巴黎蓬皮杜中心（Centre Pompidou, 1971~1976年）与理查德·罗杰斯（Richard Rogers）和伦佐·皮亚诺（Renzo Piano）合作。这两项工程都是公司当时的标志性作品，同时，更多的个体工程师与特定的建筑师发展了合作关系。从2005年开始，奥雅纳的工程师们完成了一个精确的悉尼歌剧院的三维数码模型，以便于将来的建设项目和分析。

在德国，弗雷·奥托对轻质结构的合作性研究在慕尼黑奥林匹克公园（Munich Olympic Park, 1972年）独特的起伏屋面得以实现，这一作品由贝尼施建筑师事务所（Behnisch Architekten，当时称贝尼施及其合伙人/Behnisch + Partner）设计，并与工程师事务所莱昂哈特、安德烈及其合伙人（Leonhardt, Andrä and Partners）合作。工程师约格·施莱希（Jörg Schlaich）和鲁道夫·伯格曼（Ru-

摄影（从对页上图开始顺时针方向）：© 悉尼歌剧院，伍重&皮尔建筑师事务所/约翰逊逊·皮尔顿·沃克（合作建筑师）与奥雅纳惠允；北卡罗来纳州属事务部提供（两图）；轻质结构及概念设计学院提供；下页图，从左至右：© Rainer Viertl-böck；Philippe Mgeat；Timothy Hursley；SOM惠允

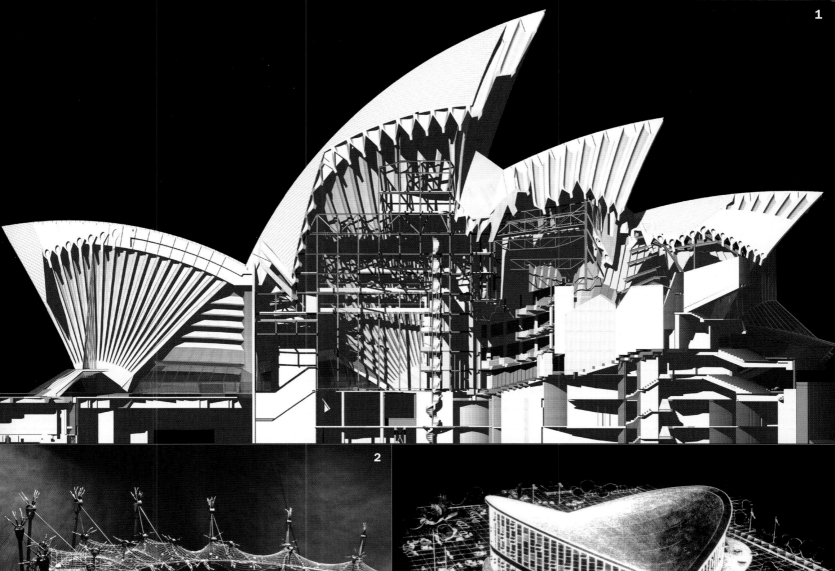

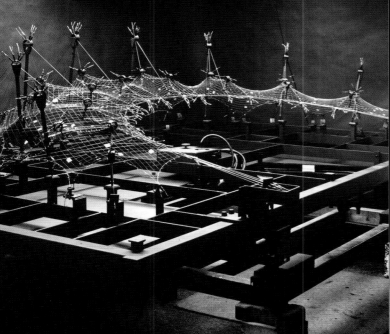

2

3

4

1. *2007年制作的悉尼歌剧院*（1957~1973年）建筑信息模型，约翰·伍重与奥维·阿鲁普。

2. 慕尼黑奥林匹克体育场（1972年）结构研究模型，贝尼施建筑师事务所与弗雷·奥托。

3, 4. 道顿（拉雷）体育馆（1952年），北卡罗来纳州，马修·诺维奇与弗雷德里克·塞维拉德。

1. 火葬场（2006年），伊东丰雄及合伙人与佐佐木睦朗。
2. 第16号小品（2007年），迈克尔·马尔赞与盖伊·诺登森。
3. 诺华办公楼（2007年），SANAA（妹岛和世+西泽立卫）与波林格和戈罗曼。
4. 马林斯基剧院II（2008年），多米尼克·佩罗与波林格和戈罗曼。

5. 夏尔斯开发项目（2007年），FOA事务所与亚当斯·卡拉·泰勒。
6. 因斯布鲁克滑雪台（2002年），扎哈·哈迪德与简·维尔尼克/阿鲁普。
7. BMW活动中心（2007年），建（蓝）天设计组与波林格和戈罗曼。

dolph Bergermann）也是团队的成员，他们后来创建了自己有影响力的实践。

这一项目集中体现了奥托在20世纪60年代对悬索结构的构想，把经济的原则运用于大跨度的轻质薄膜。这些实验得益于奥托作为斯图加特大学轻质结构学院创始人的地位，在那里他使用了无数的建模技术——例如肥皂膜结构、悬链结构，以及机械模型——这些极为简单的过程被转化为形式。学院的指挥棒后来传给了约格·施莱希，他的学生沃纳·索贝克（Werner Sobek）是更名后的轻质结构及概念设计学院的现任领导人。奥托采用了柔韧、轻质的结构，这与纪念性、沉重的建筑恰成对比。

## 卓有成效的合作

今天，共享的建筑信息模型（Building Information Models, BIM）不再是奥托早期项目里的实物模型，它使所有建筑行业能够相互反馈和合作，包括施工队伍。亚当斯·卡拉·泰勒（Adams Kara Taylor/AKT）是伦敦一家40人的结构和土木工程师事务所，他们参与到建筑师在项目设计的想法中去，但是，就像汉尼夫·卡拉（Hanif Kara）所说的那样，他们"不冒充是建筑师"。公司坚持的是团队协作以及与建筑师的不断交流，公司内部配有运算专家的数学智库，协助各团队的工作，来自5个国家的5位工程师围坐在一台电脑旁联手解决问题是司空见惯的情景。AKT不设等级的工作室制度鼓励创造性思维和革新，但不是以称职的技术能力为代价，以此实现卡拉所说的"好工程而不是坏建筑"。在与艾尔索普和斯托默建筑师事务所（Alsop & Stormer Architects）合作的佩克汉姆图书馆（Peckham Library, 2000年）项目中，填充混凝土的倾斜钢柱支撑着上部的悬挑体量。建筑物的结构看起来像是倒置的L形体量，使阿尔索普摆脱了传统的限制，图书馆开放的底部成为了公共空间。曾经为安东尼·亨特（Anthony Hunt）工作的卡拉同时也在伦敦建筑联盟（Architectural Association）教书，他为扎哈·哈迪德（Zaha Hadid）在德国的费诺科学中心（Phaeno Science Center, 2005年）进行了结构设计，赘余的结构被消除，从而使墙体和混凝土楼板结合成连续的壳体，实现了建筑师追求的流动空间。目前，卡拉正在与FOA（Foreign Office Architects）合作设计位于英国莱斯特（Leicester）的约翰·刘易斯百货公司（John Lewis Department Store, 2007年），包括零售商店和一家电影院。AKT提议的结构方案在中庭、演讲厅、卸货区域以及穿过中庭的玻璃走道采用了大跨度设计，使FOA得以将一幕精致的网状玻璃立面置于前景。

在离开奥雅纳创建自己的事务所之前，简·维尔尼克为哈迪德在因斯布鲁克州的伯吉瑟尔滑雪台（Ski Jump in Bergisel in Innsbruck, 2002年）设计了弧形的混凝土结构，并参与了安吉利尔/格拉汉姆/芬宁格/肖勒事务所（Angelil/Graham/Pfenninger/Scholl）的俄勒冈州波特兰架空索道（见第52页）的方案竞赛。在奥雅纳时，彼得·赖斯曾经教导她要"向建筑师公开他们的秘密"，维尔尼克说她总是在项目开始时解释自己的工作过程。在奥雅纳期间，她更为引人注目的成就是在马克斯-巴菲尔德建筑师事务所（Marks Barfield）设计的伦敦眼（London Eye, 1999年）摩天轮中所克服的结构挑战，这一500ft高的结构在不断运转，但必须稳固有力。不足为奇的是，她发现自行车轮作为一种张拉整体结构是最为经济的形式。她设计的结构以岸上的支架支撑着轮子的中心，转轴向外悬挑，使轮子悬挂在泰晤士河上空。这对于伦敦历史城区来说虽然有点不同寻常，但是伦敦眼的结构奇观已经成为这座在工程学方面享有盛名的城市中最精致的案例。

建筑师与工程师的合作常常给建筑物带来强烈的结构图案，它们的生成来自于数学或者以自然界为依据，并借助数码工具成为一种"深层装饰"。奥雅纳墨尔本分部的特里斯特拉姆·卡弗莱（Tristram Carfrae）与澳大利亚的PTW建筑师事务所合作，在2008年北京奥运会的"水立方"国家游泳中心的

摄影（1～7）：© Hiroyasu Sakaguchi; Iwan Baan; 承蒙SANAA惠允; 多米尼克·佩罗建筑师事务所; FOA事务所; Helene Binet; 建（蓝）天设计组

设计中运用了泡沫结构的概念。游泳中心的五个泳池被充满ETFE薄膜气枕的结构所覆盖——类似于格里姆肖建筑师事务所（Grimshaw Architects）在英国的伊甸园项目（Eden Project, 2002年）——它们在物质和字面意义上都代表了游泳池。奥雅纳没有采用弗雷·奥托在慕尼黑体育场进行的肥皂泡沫研究，而是探索细胞状阵列的联系性，使表层图案与支撑大跨度屋顶的塑性空间网架的内部结构合为一体。富有变化的ETFT六边形元素将环境和结构设计整合为非线性、统一的形式。

## 对材料的关注

很多工程师对材料的结构，以及作为结构的材料非常感兴趣。现代主义者对玻璃的着迷，在于它脆弱与强度的二重性，以及各种不同程度的透明性，这在很多工程师的作品里都占据了重要的位置。这一点可见于彼得·赖斯与建筑师阿德里安·凡斯贝尔及合伙人（Adrien Fainsilber & Associés）合作的早期作品，在巴黎拉维莱特公园（Parc de la Villette）科技博物馆的大温室里设计的点支式玻璃墙系统（1986年），以及杜赫斯特·麦克法兰（Dewhurst Macfarlane）、施莱希和伯格曼及其合伙人（Schlaich Bergermann und Partner）、温纳·索贝克等当代事务所采用的结构玻璃系统。6月份，赖斯的巴黎事务所RFR完成了一个460ft长的环形透明体量的结构，这是斯特拉斯堡（Strasbourg）TGV火车站的扩建工程，由建筑师让-玛丽·迪蒂耶尔（Jean-Marie Duthilleul）为法国国家铁路公司设计。依赖纤长的预应力钢结构，冷加工弧形夹层玻璃弱化了扩建部分在历史悠久的车站中的体量。该项目与西尔（Seele）玻璃制造商合作，并结合了斯图加特气候工程师Transsolar对太阳能增益的分析，把设计、结构和气候工程统一为一个真正的整体，并产生了车站的气泡状形式。波林格和戈罗曼事务所与佐佐木睦朗及Transsolar合作，在瑞士巴塞尔的诺华项目（Novartis, 2007年）中为SANAA（妹岛和世+西泽立卫）的极简主义建筑设计了一栋透明、可持续的办公楼。极薄的钢筋混凝土楼板由结构墙支撑，实现了理想的开敞平面跨度，以及矩形建筑物的透明性。在纽约幕墙咨询公司Front的设计协助下，半透明的建筑物看起来像是一个蒙着轻纱的玻璃盒子。

纽约工程师盖伊·诺登森与洛杉矶建筑师迈克尔·马尔赞合作设计了位于中国金华的历史公园里的第16号小品，一栋1300ft²的小房子。团队开始时的设计是混凝土结构，后来由于地下水位较高的原因改用钢材。这是一个混合体的空腹桁架（Veirendeel）钢结构，附有较小的梯形桁架，产生了双重的穿孔立面，并在建筑物的表皮形成了出人意料的波纹干涉（moiré）图案。

## 算法与结构图案

结构工程师们进行三维分析已经有几十年历史了，但是现在他们与建筑师共享那些模型，以此作为数码版的施工图纸。这些模型现在越来越依赖复杂的、以计算机代码为基础的几何关系，要求工程师既是程序员又是设计师。这类工作大多来自设计自己专用软件的公司，如哈波尔德用于张拉结构的Tensyl，或者是波林格和戈罗曼用于桁架的程序，尽管Autodesk的Revit软件和Bentley的Generative Components也革新了许多工程师的设计。

算法设计过程生成了波林格和戈罗曼为多米尼克·佩罗（Dominique Perrault）在俄国圣彼得堡的马林斯基剧院II（Mariinsky Theatre II, 2008年）所提议的镶嵌结构。马林斯基剧院的结构被定义为相互连接的钢金字塔组成的系统，就像一个不对称的网格穹顶，横向布置的肋梁向外发散，支撑着金属丝网填充物。包裹剧场的外壳像是一个水晶球，结构与表皮合为一个系统，在理论上类似于奥雅纳的"水立方"的深层装饰。奥雅纳的主持人塞西尔·巴尔蒙德与雷姆·库哈斯、丹尼尔·里勃斯金（Daniel Libeskind）、伊东丰雄等建筑师合作，运用算法进行实验性的工作。巴尔蒙德写过一本书《异规》（Informal, 2002年）[2]，他参与的项目于2007年6月~10月在丹麦路易斯安那现代艺术博物馆的"建筑前沿（一）"展览中展出。2002年伦敦蛇形画廊的临时展馆（Serpentine Pavilion）最清晰地表达了他的许多想法。与伊东丰雄合作设计的建筑物以按照圆形图案布置的扭转方形为基础，沿着它们的主要受力线方向互相连接。外壳上交叉的线条和平面组成的整体图案是表皮与结构的合二为———在概念上更接近传统的承重墙，而不是结构与填充墙分离的系统。展馆是一种算法的物质表现：图案与结构相结合成为形式。巴尔蒙德说："设计从一条简单的直线开始，不断重复，使建筑从结构中解脱，而不是让建筑落入结构的陷阱。"斜向网格的外部结构-表皮系统也成为了他用结构作为图案的标志，例如由OMA设计的北京CCTV大楼斜向网格的结构表皮，该项目目前正在施工。

非线性的结构造型在佐佐木睦朗的设计中尤为突出，他与伊东丰雄和矶崎新都建立了密切的合作关系，他相信发展出一个关于结构的形式、系统、材料和尺寸的假设是具有创造性的过程。佐佐木把注意力集中在找形分析和形式设计，把设计建立在自然界的自组织原理的基础上。运用三维"渐进结构优化"（Evolutionary Structure Optimization, ESO）方法，他在合作共享的数码模型里界定形式，生成优化、理性的结构。在伊东设计的岐阜县各务原市（Kakamigahara Gifu）火葬场（2006年）项目中，弧形的钢筋混凝土屋顶外壳仅有7.8in（1in=0.0254m）厚，对其评估时使用了"敏感度分析"，这是一种分析弧形表面以决定高效结构形式的系统分析方法。在出版于2006年的《流动结构》（Flux Structure）一书中，他描述道："借助重复的非线性分析步骤，有可能通过结构形式与机械性能之间的关系来系统地理解它在整体结构中的演变。"这些观点反过来将塑造复杂空间的未来，同时预示着设计、结构与环境相互合作的新范式的实现。把结构工程学完全结合到建筑设计的过程并不能保证好的建筑或者革命性的空间和形式，但却使它们的潜力得以存在。今天，工程师们比以往任何时候都更加拥抱自然的世界，并充满诗意地发掘它的逻辑以实现建筑的可能性。正如奥雅·阿鲁普在他的"重要演讲"中所说，他的公司（奥雅纳）的目标不是"随意地凭空捏造或者是强加于人，而是出于自然、显而易见的。"

[1] "建"与"蓝"，在德语中的差别是"l"。Coop Himmelb(l)au的名字中用括弧括起的"l"为这个名字带来两种读法：没有"l"的时候，是"建天设计组"；有"l"的时候，是"蓝天设计组"。为兼顾原文的双关趣味，译为"建（蓝）天设计组"。

[2]汉语译本参见：塞西尔·巴尔蒙德著.异规.李寒松译.上海：文筑国际；北京：中国建筑

在中国和世界其他地方正在进行的
建筑活动需要在**建筑师和工程师**
之间建立一种新型的合作关系

# 建筑和工程的交汇之处
## Where Architecture

**By Andrew Yang**　　姚彦彬 译　戴春 校

**本**世纪初新一轮建设在中国蓬勃发展起来时，带来的不仅是大量的建筑机遇，而且也扩展到结构，机械和环境工程各个方面。在上海、北京、广州等地日益增多的项目中，工程师们在其中扮演了转型的角色，证实他们使得建筑在环境、经济、生态等方面更加高效。

在中国重大工程项目的建设中，英国的奥雅纳公司比任何一家工程设计公司都显得重要。在参与了包括从北京机场、CCTV大楼和国家体育场等大量在北京的重要项目后，奥雅纳公司正帮助北京形成明年8月奥运会时所要向全世界所展现的自信面貌。公司在全球拥有超过80家的办事处，包括中

**Andrew Yang**，上海设计领域新闻记者，2008年 "100% Design" 展览的上海设计顾问。

国的4家（北京、上海、深圳、香港）。公司具有足够的规模和力量去处理最为庞大和复杂的工程挑战，并使其始终在建筑师中享有创新的美誉。凭借其处理全球前卫建筑项目的经验，使它比大量性但并非最先进的当地设计单位（LDIs）更有优势，更能保持项目的高盈利和吸引媒体注意。

### 与设计单位的竞争

"在所有设计单位中，奥雅纳公司是惟一一家能独立完成整个过程的公司"，以前在KPF建筑事务所（Kohn Pedersen Fox）工作过，现在运营着上海山水秀建筑设计顾问有限公司(Scenic Architecture)的祝晓峰说。他认为对于更加复杂的项目，"政府仍然难以对当地设计单位委以重任"。

奥雅纳公司现在致力于一系列大型项目，如上

海东部的崇明岛东滩生态城。东滩生态城是一直要建设到2040年的城市，其大小和曼哈顿岛相似。规划的初级阶段要为1万人提供住区并计划在2010年上海世博会时首次亮相。该项目规划了一系列可持续性的交通策略，包括禁止气体燃料的机动车，提供氢能源电池的公共交通和创建自行车、步行网络，从而在最大程度上达到零车辆排放的目标。

该项目中城市区域仅占整个86km²基地的1/3，其余部分留给了农业用地和湿地作为市区和长江口自然湿地的缓冲区域。开放性公共空间的绿色走廊遍及整个地区，以提供居民健康的环境。奥雅纳公司在第一个阶段已经设计了一个拥有3个新村的城镇，每个新村面积都足够小，以使步行和自行车便于到达，从而预想了一个平均每公顷包括75个居住单位，3~6层的低层高密度的紧凑城市，而非创建

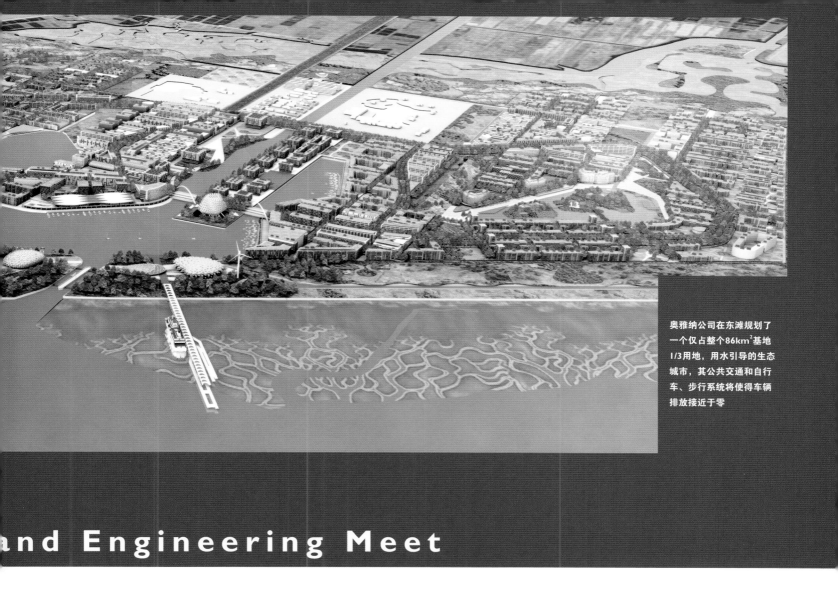

奥雅纳公司在东滩规划了一个仅占整个86km²基地1/3用地，用水引导的生态城市，其公共交通和自行车、步行系统将使得车辆排放接近于零

# and Engineering Meet

一个高层的建筑森林。

东滩生态城项目中的绿色策略还包括使用覆草皮的屋顶以减少阳光的不利影响，保护邻近的鸟类栖息地，收集和利用雨水，减少光污染、交通噪声以及回收垃圾以减少废物填埋地等。如果一切按规划进行，会让该城市减少45%的用水量，88%的水费和64%的能源需求。除规划东滩生态城之外，奥雅纳公司已经和东滩的客户上海工业投资公司(Shanghai Industrial Investment Corporation)达成协议发展中国其他地方的生态城市，所以该项目会激起一连串的反应，产生出绿色规划和设计的浪潮。

## 不仅仅是结构设计

结构工程设计之所以引起了媒体的高度重视，是因为它能产生吸引眼球的效果。整个项目中，国外大型工程公司工作所占比例为35%，机电管道系统占另外35%，剩余部分是环境、交通和规划。

除奥雅纳公司以外，类似的国外结构设计公司如Thornton Tomasetti, Parsons Brinckerhoff和WHL (Wong Hobach Lau Consulting Engineers)等也经常和一直提供着大量工程服务的当地设计单位共享项目，并逐渐在中国取得一些大型项目。

随着中国的进一步建设，类似CCTV大楼和国家体育馆等结构创新项目只会占将来大量性项目的很小一部分。将来的工作重点将会是基础设施和多样的建筑可持续策略，并进一步延伸到整个城市。"在中国和北京真正发生的事情是非奥运的城市发展及其基础设施建设。中国的工程项目有什么特殊之处呢？那就是其尺度和欧洲或美国的相比要大10倍，需要服务于大量民众，对新的和经改进的基础设施有巨大需求。"麦戈文(McGowan)说道："这里没有小型的项目，只有大型的"。

外国公司可能在崇明东滩生态城或其他社会性项目中起领导作用，但在大部分的工作中，他们必须和当地的设计单位合作。尽管能力有限，但当地设计单位还是能够胜任大部分的结构工程。"有时候，当地设计单位会不能完成某类设计"，洛杉矶WHL公司的弗朗西斯·刘(Francis Lau)说道，该公司在上海和曼谷都设有办事处。所以他认为"如果一个设计项目没有被全部完成，那大多数建筑师将会和国外的结构工程师合作完成"。

例如，在2003年弗朗西斯·刘的公司和格雷夫斯(Michael Graves)建筑事务所合作的上海前联合保险大厦（现称为外滩三号）的更新项目。该建筑完

由荷兰的IBA公司设计和奥雅纳公司进行工程设计的广州电视观光塔（右图），至天线顶有610m高，设计理念是使它既简朴又复杂

IBA公司和奥雅纳公司也在广州电视台（左图和上图）项目上进行合作。这个20万m²的设施邻近广州电视塔，包括演播室、后期制作室和办公室等

成于1916年，优雅的巴黎美院风格设计，所以对该建筑的更新和新功能适应性调整会是很大的挑战。一家当地设计单位起初设计了一个简单而不优雅的解决方案——通过加强建筑的两个轻型井来作为控制新负载的方法。WHL建筑工程公司介入后创造了一个创新的柱网系统，其令人振奋的视觉效果为建筑产生了高档次的商业和餐饮空间。

**多样化的增加**

随着中国的建设数量持续增长，山水秀建筑设计顾问有限公司(Scenic Architecture)的祝晓峰认为"设计单位将会保持发展的态势并仍然起主要的作用"，但随着更多国际公司进入中国以及现在处于国内的国际公司的发展，该领域将会更加多样化。

因为中国政府对设计优先权的改变，许多客户都转向对可持续性设计的需求。"对于下一代来说，巨大挑战来自于如何使得建造更加高效和经济"，弗朗西斯·刘认为。他一直致力于大型商业项目，如Arquitectonica国际建筑事务所设计的上海虹口广场和由马达思班设计，最近刚完工的的青浦Thumb Island市政中心。伴随着对更高和更大建筑的重视，项目的材料消耗日益被重视起来。"我们怎么可能用少量的混凝土来保证安全呢？"对高效地进行建造的需求来自两个方面——想要节省成本的客户和通过了更多严格的能源和建筑法规的政府决策部门。

但越来越多的规定并不一定意味着能产生更好的建筑。1987年奥雅纳公司给当时中国最高的建筑——上海的希尔顿酒店提供工程服务时，并没有钢混大厦限高的设计规定。"而现在，什么可以做，什么不可以做都是有正式规定的"，奥雅纳公司北京办事处的迈克尔·国(Michael Kwok)说。"这既有好处也有坏处。对建筑的某些方面肯定会有好处，坏处也很容易看到，就是规定成了阻碍"。很多工程师把规定视为满足安全和高效的最低要求，他们从未尝试去超越这些标准。"如果人们从未挑战过这些规定，那么普及的建筑标准就永远得不到改善，"迈克尔·国认为"超越法规将会对行业起积极作用。我们还没有认识到建筑条款的制定只是为了帮助我们去设计，而并不只是盲从于它。"

无论如何，向可持续性的设计和工程转向是大势所趋。"政府确实在鼓励向这个方向发展"，弗朗西斯·刘说。而迈克尔·国认为"法律是棍棒，它越来越紧缩对能源和水的使用，并且紧缩

将成为中国最高建筑的广州双塔(左图和右图)高437m，由伦敦的威尔金森·艾尔建筑事务所(Wilkinson Eyre)和奥雅纳公司共同设计，该项目形成了珠江新城的主轴线

两个塔都采用三角结构框架来创造高效的内部空间布局以及减少建筑的碳足迹。西面的塔正在建造过程中，预计将于2009年完工

得很快。逐渐地，客户们没有了选择，只能遵守规定"。

项目中体现出来，"东滩项目中对可持续的重视给了建筑师很大压力而去听取工程师们的意见"，迈克尔·国说："建筑师作为领导者的合作方式已经有很大改变，层级关系正在变化，建筑师需要在一开始就和工程师合作"。

的工程，从风力农场到零碳足迹的发展，建筑师作为领导者角色的作用在进一步缩小，大型项目正在越来越被工程师们所领导。"

# 无论如何，向可持续性的设计和工程转向是大势所趋

### 关系的转变

工程师们普遍认为，随着中国大型项目复杂性的日渐增加，对可持续性将更加重视，这也将导致了建筑师和工程师两者关系的改变。随着技术性综合要求的增加，客户把工程师在设计中的作用看得更加重要。观察家认为这种情况早已在崇明东滩

"在全球范围内，工程师们正进行着某种复兴，其驱动力是对环境日益关注"，麦戈文说："在去年某个时候，人们终于认识了问题所在，现在我们需要确定这点。我们的回应包括大量

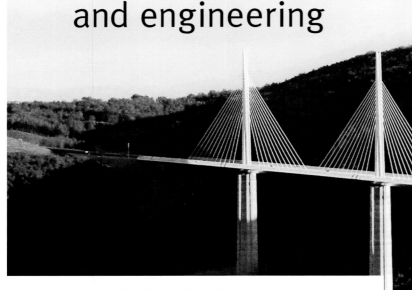

# 空中飘浮之桥尽展建筑与结构之美
# Bridges that seem to float on air illustrate feats of architecture and engineering

**By Suzanne Stephens** 姚东梅 译 戴春 校

越来越多的建筑师和工程师合作创造着令人愉悦的供步行者、自行车或汽车穿越水面的构造精美的交通设施。当然，这种配合有时也出自同一人之手，例如圣地亚哥·卡拉特拉瓦（Santiago Calatrava），他既是建筑师，又是结构工程师，以过去20年内创作了多于24个作品的实力而引人注目，这还不包括即将完成的在意大利雷伽艾米利亚（Reggia nell'Emilia）城中的3个，以及即将进行的其他5个。从20世纪早期的罗伯特·梅尔拉特（Robert Maillart）的作品看，工程师在创造或复杂或轻盈的桥时，并不总是需要与建筑师合作。

因此，在葡萄牙科英布拉市（Coimbra）步行桥项目上，奥雅纳结构工程师塞西尔·巴尔蒙德（Cecil Balmond）与他的高级几何组决定以"建筑师"的身份与葡萄牙AF Associados事务所的工程师安东尼奥·阿道·丰塞卡（António Adão da Fonseca）进行合作，并不令人感到奇怪。

在此，位于法国南部塔恩河（Tarn）上令人惊叹的米洛（Millau）高架桥受到了建筑师的赞许，它是由福斯特及其合伙人事务所（Foster + Partners）与桥梁工程师米歇尔·维洛热（Michel Virlogeux）等人合作的。外观精致的悬索结构共1.5km长，由建筑师与一组结构工程师、为埃法日建筑公司（Eiffage）建造桥梁的工程顾问，以及桥梁的拥有者埃法日米洛路桥公司（Compagnie Eiffage du Viaduc de Millau）共同合作，完成于2004年底。这座桥已经成为地标建筑，过桥似乎成为一件充满乐趣的事情。

| | 00.00 |
| | - 98.00 |
| | - 197.00 |
| | - 295.00 |
| | - 394.00 |
| | - 525.00 |
| | - 656.00 |
| | - 787.00 |

**米洛高架桥**
**法国米洛**
福斯特合伙人事务所及其他合作者

　　设计竞赛中标的钢悬索桥，其业主为埃法日米洛路桥公司（Compagnie Eiffage du Viaduc de Millau）(CEVM)。该项目是世界上最高的能行驶汽车的桥。它的七个混凝土桥墩高度范围为256~800ft，位于钢墩支撑的路面上的钢柱又增加了额外的318ft，福斯特及其合伙人事务所与CEVM的顾问，加上三个位于巴黎的公司：Etude Gecti欧洲、泰利斯（Thales）组和Societéd'Etudes R. Foucault et Associés公司。这座1.5英里的长桥有8跨，每一跨均有11对悬索支撑。

大桥引导行人和自行车沿蜿蜒的互相分离的甬道通过莱茵河（**Rijn Kanaal**），将新郊区IJburg与阿姆斯特丹市联系起来。

## Nesciobrug,
## 荷兰阿姆斯特丹,
*Wilkinson Eyre / Arup / Grontmij*

在阿姆斯特丹城外的供行人及自行车通过的桥是由来自伦敦的建筑师威尔金森（Wilkinson）与奥雅钠的结构工程师及混凝土专业顾问Grontmij公司于2006年共同完成的。

被称为Nesciobrug的桥，是荷兰地区的第一座悬浮吊桥，跨度为535ft，连同通路在内跨度长达2559ft，它将正在再生土地上开发建设中的新郊区IJburg人工岛与阿姆斯特丹市联系起来。

为了防止桥梁过于突出，避免产生牵强的风景，建筑师和工程师决定采用单索架空索道自锚固悬浮结构，大桥的曲线柔和并在其通过莱茵河（Rijn Kanaal）时分岔。

两类交通形式有明确的引导，人行和自行车分道，11ft宽用于自行车道，7ft宽用于步行道。一个弯曲的箱形钢桁架结构形成大桥的路面板，下面有30.5ft高的空间用于商船过往。每个独立的桥面板在桅杆以外的部位延续，背面附以钢缆体系支撑。

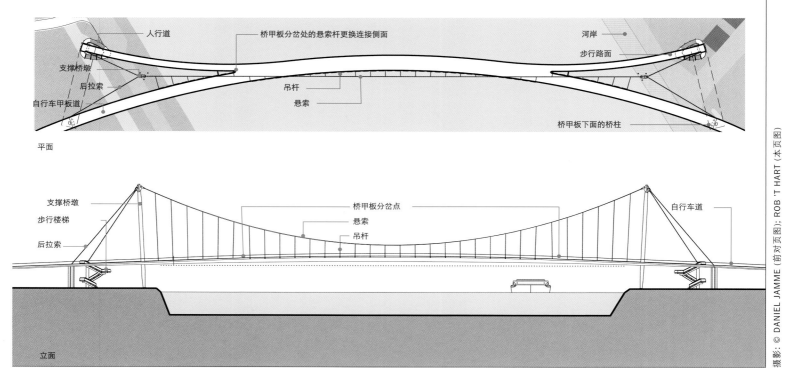

平面

人行道　　桥甲板分岔处的悬索杆更换连接侧面　　河岸
支撑桥墩　　　　　　　　　　　　　　　　　　步行路面
后拉索　　　　　　　吊杆
自行车甲板道　　　　悬索
　　　　　　　　　　　　　　　　　　桥甲板下面的桥柱

立面

支撑桥墩　　　　　　　桥甲板分岔点　　　　自行车道
步行楼梯　　　　　　　悬索
后拉索　　　　　　　　吊杆

摄影：© DANIEL JAMME（前对页图）；ROB 'T HART（本页图）

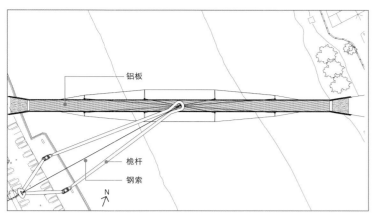

铝板

桅杆

钢索

N

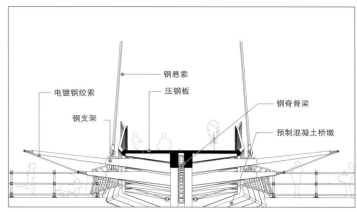

钢悬索

电镀钢绞索

压钢板

钢支架

钢脊骨梁

预制混凝土桥墩

## Usk 河上步桥，
## 南威尔士新港城，
**Atkins/Grimshaw/Alfred McAlpine**

南威尔士一个步行桥的竞赛获胜方案采用一种四桅杆钢结构，让人联想到很久以前停泊在新港城的贸易码头上的小帆船。这个类似船形的设计，完成于2006年。该桥出自一个团队的合作，其中格里姆肖（Grimshaw）事务所为受雇于承包商Alfred McAlpine的Atkins土木工程事务所的设计分包。结构桅杆在Usk河西岸组成一对，支撑着476ft长、16ft宽的桥面板，供行人和自行车通过。整个造型在河面上因桅杆的不同长度而产生一种动态的景观，前倾的桅杆长262ft；后面的桅杆长230ft，钢缆直径5in，有260ft长，将桥面板的重量传到地面，并作为桅杆的平衡构件，在Usk河的东西两岸由两个预制混凝土的桥基墩将桥与岸相连。

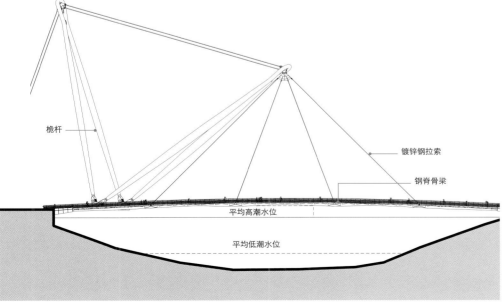

桅杆

镀锌钢拉索

钢脊骨梁

平均高潮水位

平均低潮水位

位于美国旧金山的联邦楼高240ft，在城中多处可见（对页图）。遮蔽东南立面的穿孔不锈钢网面在塔楼的基部起褶，既是透明精致的面纱，亦为棱角分明的保护壳

# 形态小组和奥雅纳工程师 为旧金山的**美国联邦楼** 创造了追随功能的动态形式

**U.S. FEDERAL BUILDING**
San Francisco
**Morphosis**

**PROJECTS** 作品介绍

**By Joann Gonchar, AIA** 孙田 译 钟文凯 校

位 于旧金山的美国联邦楼，其东南立面覆穿孔不锈钢网面，看上去既是透明精致的面纱，亦为棱角分明的保护壳。这一幢18层办公楼的双重性格似乎恰好吻合其迅速变化却仍然粗糙的环境——典当行与豪华公寓比肩而立。3月完工的这幢240ft高的塔楼控制着"市场街以南"（South of Market）区域几乎全为低层的天际线，据说还因驾驶者们减速观摩引致附近的80号州际公路交通紊乱。但是，联邦楼的高度及其大胆的外观并不是获得关注的仅有理由，它亦有一系列雄心勃勃的环保目标。

设计师们和业主——美国联邦总务管理局（General Services Administration）说，这幢依靠自然通风为上部的13层制冷的塔楼，其能耗将比一幢满足加利福尼亚州严苛的节能规范——24条（Titile 24）的办公楼少33%。大部分工作空间主要依靠日光照明，这是一项预期可以把与照明相关的普通办公楼能耗降低26%的策略。此外，将素面钢筋混凝土结构中的半数波特兰水泥换作鼓风炉渣——一种炼钢的副产品——阻止了大约5000t二氧化碳排向大气。

这幢塔楼是一个高度合作的设计过程的成果，其形式、结构和朝向完全整合，以满足节能目标。"这幢楼由其性能决定"，汤姆·梅恩（Thom Mayne）——FAIA、形态小组（Morphosis）负责人、这一项目的领衔建筑师——说道。当然，这幢房子有表现性先于功能的部分，譬如，它的屋顶，不锈钢网面向上翻转然后折叠，如同一顶俏皮的帽子。"在顶部，网面是纯形式"，梅恩说，"它是诗与用之间的平衡。"

梅恩对"用"的考量并不限于节约能源和资源。这幢塔楼是墨弗西斯设计的60.5万ft²、1.44亿美元的综合体的中心之作。综合体有着重要的城市与市政意义，塔楼之外有一幢4层高的条棒状附属办公楼，一幢单立的咖啡馆和一家日托中心。这些设施都为钢框架并采用机械通风，限定出第七街和公使街（Mission Street）交角的广场。这一广场远不止是为补偿塔楼的高度而安排的空荡荡的室外空间。它为对街詹姆斯·R·布朗宁（James R. Browning）巴黎美院风格的美国联邦法院（U.S. Courthouse）提供了喘息之地。它亦缓解了去往这一项目的一些亮点——譬如咖啡馆——的公共入口压力：若非有这一广场，公共入口或许该埋在塔楼之下了。虽然进入日托中心要通过塔楼大堂，招生却是面向附近邻里的孩子。建筑师用遮光网面强化了这一设施在广场上的地位——网面在近塔楼的基部起褶——展开，遮蔽着半潜的房屋，像一架褶皱

不规则的手风琴。

相似地，这幢塔楼3层高的空中花园是对公众开放的——在那里可见城市和旧金山湾的壮观景象。在西南立面，它体现为一个巨大的空洞，被詹姆斯·特里尔（James Turrel）的霓虹装置所照亮，甚至在夜间也可看到。"这些策略意图拉近了社群和联邦政府之间的距离"，形态小组的项目经理蒂姆·克赖斯特（Tim Christ）解释说。

这幢建筑中另有空间供人流连、邂逅。例如，90ft高的底层大堂远不止是匆匆穿过赶乘电梯的地方。这里，台阶成了非正式的坐席，抛光混凝土地面

**项目：** 美国联邦楼，旧金山
**主导设计建筑师：** 形态小组——汤姆·梅恩，FAIA，总建筑师；蒂姆·克赖斯特，项目经理；Brandon Welling，项目建筑师
**执行建筑师：** SmithGroup——Carl Roehling, FAIA，项目执行人；Carl Christiansen, AIA，责任总建筑师；William Loftis, AIA，项目经理；Jon Gherga，项目建筑师
**顾问：** 奥雅纳（结构、水、电、暖通）；Horton Lees Brogden（照明）
施工总承包商：Dick Corporation/Morganti Group

摄影：© Roland Halbe，除非说明；© Tim Griffith（本页图）

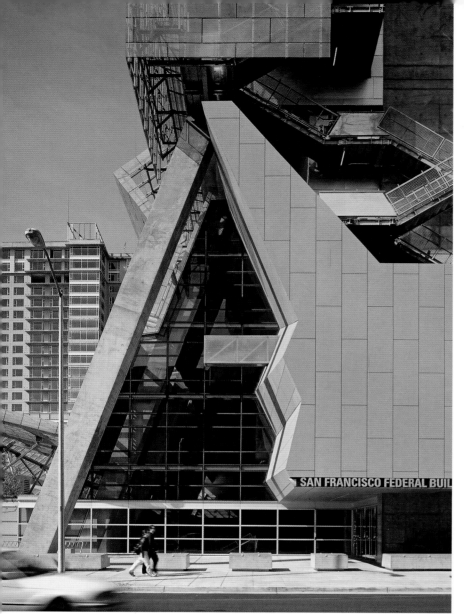

塔楼之外，一座4层的条棒状附属办公楼、一座单立的咖啡馆和一家半潜的日托中心，限定出联邦楼的广场（对页图）并为街对面一座上世纪之交的法院提供了喘息空间。遮蔽东南立面的不锈钢网面，以建筑师称之为"纯形式"的姿态，在屋顶折成一顶俏皮的帽子（下图）。塔楼的入口，没有一系列大台阶或其他常与政府建筑相联系的纪念性特征，而为引人注目的结构所强调

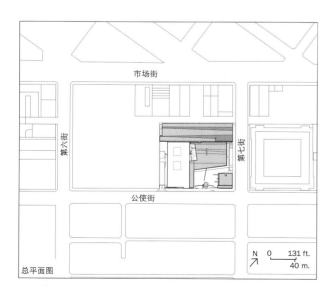

总平面图

N 0   131 ft.
  0   40 m.

市场街

第六街

第七街

公使街

1. 塔楼大堂
2. 会议中心演讲厅
3. 日托
4. 咖啡厅
5. 会议中心大堂
6. 空中花园

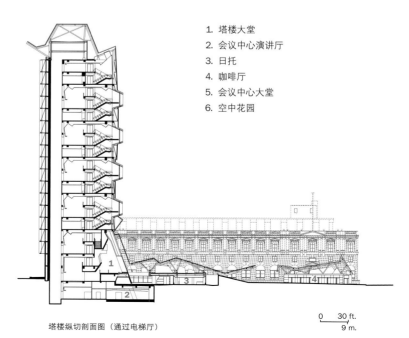

塔楼纵切剖面图（通过电梯厅）

0   30 ft.
  9 m.

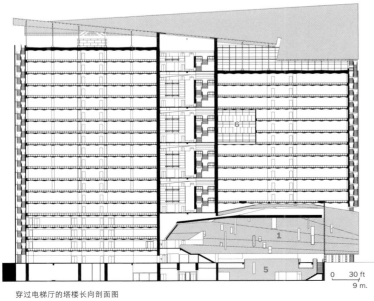

穿过电梯厅的塔楼长向剖面图

和强化纤维水泥板的折角墙面沐浴在自上而下的日光中。这样的环境，梅恩称之为"直率的简约"，而非不加修饰。在上层，数个3层高的大堂为隔层停靠电梯系统的副产品，亦被构思为社交场所。它们由埃德·鲁舍（Ed Ruscha）的壁画装饰，还包括诱人的梯段，其楼梯平台突出于立面，可观城市之景。

甚至在国会1989年同意这个项目的拨款前，很多社会和城市再开发目标已经成为这一项目的组成部分。然而，节能的目标则直到约10年后方才出现，即当梅恩中选，成为联邦总务管理局"设计卓越计划"（Design·Excellence Program）一部分的时候。为了更好地理解使用者的需要，业主组织了一次会议，出席者为来自6个大楼使用机构的1500位联邦雇员中的代表。联邦总务管理局项目负责人玛丽亚·西普拉佐(Maria Ciprazo, AIA)说，会议中浮现出的愿望主要为：要有能接触日光和景观以及可开启窗扇等让使用者个人控制其环境的特色。

虽然这比联邦总务管理局采用环境与能源先锋（LEED）认证要求早了几年，建筑师和客户都认识到，使用者对建筑的愿望与节能（节约能源和资源）是兼容的，尤其是，如若建筑师和客户可以善用旧金山的有利气候而放

塔楼大堂的斜向结构和折角墙面成为取景框，看出去的是相邻的建于1905年的巴黎美院式的联邦法院

入口处是枫木板的倾斜墙面和顶棚（下图），访客和租户从这里进入大堂，自上而下的天光由突出灯箱的光线补充（右图）

弃空调。"我们想在建筑探索上尽可能地走远一些，但是我们不想挥霍公共款项"，西普拉佐说。所以，为了测试自然通风的办公用塔楼的可行性，联邦总务管理局请劳伦斯-伯克利国家实验室（Lawrence Berkeley National Laboratory）的科学家们做了天气数据分析、风速研究和气流模型。

通过这一研究和与设备、结构工程师、照明设计师及其他顾问的早期紧密合作，这幢建筑进化为一个细高结构：340ft长、65ft宽的楼层平面——足够纤细，可以从几乎所有的工作空间接触日光、景观。标准层平面沿周边布置工作站，沿主轴则是会议室和个人办公室。密闭的玻璃"舱体"根据规范要求用机械制冷。但是，它们的屋顶与楼板底面脱开，故当微风自这幢塔楼的迎风立面进入并通过背立面排出时，气流并不受阻。城市分区规范将西北向市场街走廊的建筑高度限为120ft，保证了气流持续畅通。

两个长立面上的开口，一些为使用者控制，一些为房屋自动化系统（BAS）控制，包括可开启窗扇和位于地板附近的细流出风口。这些出风口在寒冷天气里让少量新鲜空气进入，并由位于其上的翅片管对流器加热。

为保护立面不受过多的热增量的影响，设计师们以高性能的窗墙为立面。在东南立面，穿孔不锈钢网面——这幢楼最主要的表现性元素——作为遮阳设施，承担两责。在西北立面，磨砂玻璃遮阳片切断日照路径并避免眩光。

联邦楼的素混凝土结构及其提供的热质是制冷策略的关键部分。夜晚，当期待次日的温暖天气时，这幢建筑的结构"充冷"约8~10h，奥雅纳的助理负责人(associate principal)及项目设备工程师埃琳·麦科纳希（Erin McConahey）如是解释说。房屋自动化系统打开立面上的可开启部分，在混凝土有效冷却后则关闭。在日间，使用者、计算机和灯具产生的热量，通过辐射转移到楼板中。

建筑师与工程师协力寻找有利于空气分层、提供最强冷却效能的楼板结构。在绝大多数塔楼中，楼板通常置于圈梁之上。但是这样的安排或许会阻碍气流、日照和景观。设计团队另觅他途，利用客户对架空地板的希望构造了一套反梁系统。梁上悬挂的加肋楼板截面为波状，其重量轻于常规楼板，

联邦楼的穿孔不锈钢网面由多种平面的富有变化的几何元素组成（左上图和右图）。这一遮阳装置及其支撑结构（左下图）经三维设计，生成的数字化模型被用于协调生产和安装

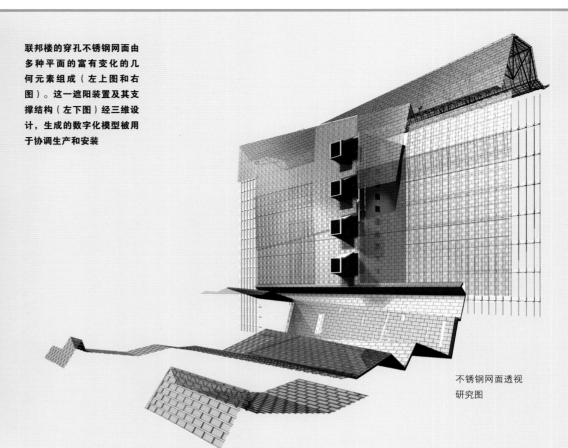

不锈钢网面透视研究图

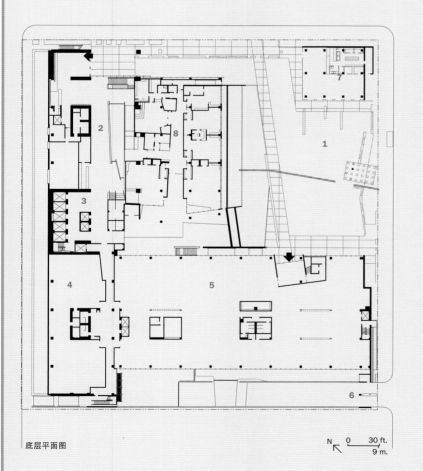

底层平面图

N  0    30 ft.
   ⊢————⊣
        9 m.

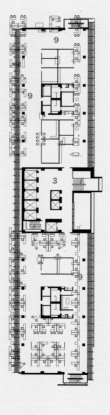

塔楼平面图——第九层

1. 广场
2. 塔楼大堂
3. 电梯厅
4. 设备及贮藏
5. 附楼
6. 停车/装卸通道
7. 咖啡厅
8. 日托中心
9. 办公空间

为了减少塔楼立面的热增量，设计师们在东南立面使用遮阳网面，在西北立面使用磨砂玻璃片。这些窗墙面的部分开口由使用者控制，部分由房屋的自动化系统控制

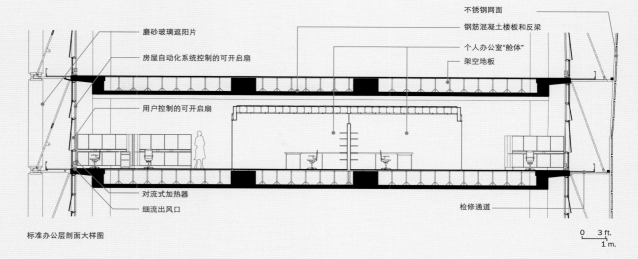

不锈钢网面

钢筋混凝土楼板和反梁

个人办公室"舱体"

架空地板

磨砂玻璃遮阳片

房屋自动化系统控制的可开启扇

用户控制的可开启扇

对流式加热器

细流出风口

检修通道

标准办公层剖面大样图

0　3 ft.
1　m.

## 一幢由性能指标和设计过程塑形的塔楼

联邦楼办公塔楼的形式、结构和朝向是天气数据分析、风速研究、气流模拟以及整合性设计过程的产物。办公楼层长且窄，以鼓励日光照明并提供视野。这一纤长的楼层平面让微风自迎风面立面开口进入，自背立面排出。这幢楼的素混凝土楼板为反梁系统支撑，楼板为波状截面。这样的配置最大化了结构的效率，扩大了表面积，而且增强了楼板吸收由人、计算机和灯具产生的热量的能力

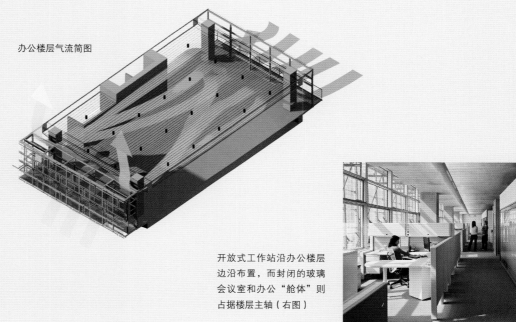

办公楼层气流简图

开放式工作站沿办公楼层边沿布置，而封闭的玻璃会议室和办公"舱体"则占据楼层主轴（右图）

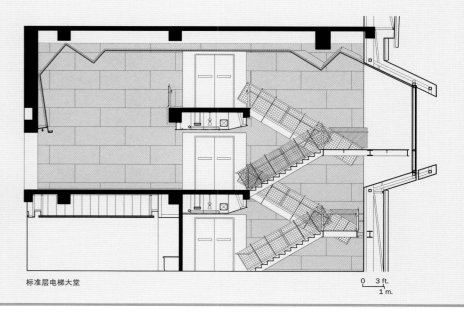

3层高的电梯厅（右图）是柯布西耶始用的隔层停靠电梯系统的副产品。突出的楼梯平台可观城市之景（对页下图）

标准层电梯大堂

0　3 ft.
1　m.

西北立面上的磨砂玻璃遮阳片（本页图）通过检修通道与窗墙隔开。分区规范将相邻建筑高度限制为120ft，保证了这一立面的气流不会受阻。空中花园的悬浮步道（对页图）有彩釉玻璃栏板和一体化的座椅

摄影：© Nic Lehoux（对页三图）；
© Tim Griffith（本页图）

创造了一种有效的结构。这亦提供了额外的混凝土表面积，提高了楼板吸热的能力。在这一元素中，"热质、建筑、结构和日照"的要求"碰头了"，曾经是奥雅纳的项目结构工程师、现任职于洛杉矶桑顿-托马塞提事务所（Thornton Tomasetti）的史蒂夫·拉奇耶（Steve Ratchye）说。

据报道，绝大多数租户对日照和景观满意，但有一些抱怨说，连续几个炎热的日子后，房子太暖和了。麦科纳希确认，这是可能的，尤其是当使用者在一个炎热的早晨太早开窗的话，因为暴露于暖空气中，所以过早地让结构失去了冷却的能力。据西普拉佐称，为了帮助租户更好地理解他们在维护舒适工作环境中的角色，业主正在准备一本面向个人使用者的操作手册。业主也在一些地方安装遮光设施，以回应对个人办公室缺乏私密感和在特定日照条件下电脑屏幕有眩光的抱怨。

联邦总务管理局正通过广泛的使用后评估来收集不仅仅是轶事趣闻性质的信息。在今后的18个月中，研究者们将评估能耗、照度、声学、温度和空气质量，还有更主观的因素，诸如员工满意度等。一旦这幢楼被完全使用，租户逐渐熟悉其在楼宇运作中的角色，项目的参与者们对这幢楼能达到预期效果还是充满信心的。尽管如此，他们并不看好自然通风的办公楼宇会在全美各地增殖，因为其他地方鲜有如此合宜的气候条件。相反地，他们说，联邦楼的经验是通过深刻理解基地和区位来获取可持续性的。麦科纳希说："只有脚踏实地，才有合适的工程解决之道。"

给该项目评定等级，请登陆 architecturalrecord.com/projects/.
提交您的项目，请登陆 construction.com/community/gallerylist.aspx.

墨菲/扬建筑事务所联合沃纳·索贝克和
马蒂亚斯·舒勒两家工程顾问公司
为曼谷再添时髦的新航空集散站
——素万那普机场

**SUVARNABHUMI AIRPORT**
Bangkok, Thailand
**Murphy/Jahn**

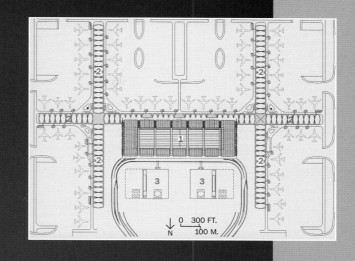

集散站中央大厅
(1) 大悬挑天篷下方长管形候机厅 (2) 成对布置的停车库结构从屋顶下向外延伸 (3) 沿入口道路主楼正立面，候机厅围护结构（上图、左图）由张拉构件、玻璃以及弧形钢桁架结合而成。候机厅设有通往廊桥登机口的通道（左图）

摄影师瑞纳·威尔特贝克(Rainer Viertlboeck's)高品质的说明性照片强调了建筑几近单色的银灰色调与AIK公司的雅尼·科萨雷(Yann Kersalé)设计的钴蓝色照明系统的对比（本页及对页，顶图）。几何构图的花园位于主厅一侧（近左图）。尽管设计了很多廊桥登机口（远左图），摆渡车在这儿也很常见

**By John Morris Dixon, FAIA    罗超君 译 戴春 校**

曼谷作为泰国首都以及商业和旅游的地域中心，一直以来都拥有着全球最繁忙的机场之———目前客流总量排行全球第15位。活跃于芝加哥的墨菲/扬建筑事务所在为曼谷设计新的国际航空集散站素万那普机场时，从一开始就意识到这个乘客集散中心将要容纳大规模的操控设备，并将凸显其作为枢纽在泰国的重要地位。素万那普在泰语中的含义为"黄金之地"，年客流承载量达4500万人，共有56个廊桥（加上64个摆渡大巴）登机口，建筑面积约600万ft²。计划在随后的工期中将再增年客流量至1亿人。

该机场设计方案在1994年举办的国际邀请赛中脱颖而出，以其强烈的意象示人：奢华的大厅位于一个覆盖超过120万ft²面积的天篷之下，候机厅呈管状向四面延伸开去。尽管素万那普机场候机厅仍以强调结构单元的重复为特色，与

John Morris Dixon是美国建筑师学会资深会员、原《进步建筑》(Progressive Architecture)主编。

**项目：**曼谷素万那普机场
**建筑师：**墨菲/扬建筑事务所
**助理建筑师/工程师：**ACT公司
**项目经理：**TAMS公司/地球工程公司
**工程师：**沃纳·索贝克工程顾问公司（结构概念、候机厅巨型结构、立面）；超日工程技术公司（气候与环境控制概念）；马丁/马丁公司（主集散楼巨型结构）；约翰·A·马丁及其合伙人公司（结构混凝土）；弗拉克+库尔茨公司
**顾问：**AIK公司——雅尼·科萨雷（照明艺术）；（行李）
**总承包：**ITO合资公司

近年来建造的其他航空集散站别无二致，如诺曼·福斯特在香港设计的机场[参见《建筑实录》，1998年11月，第92页]或理查德·罗杰斯在马德里设计的机场[参见《建筑实录》，2005年10月，第150页]，但是它向上抬升，形成了一个中心化的主导体量。然而，曼谷素万那普机场与其他重要机场一样，都离不开结构工程师的完美配合。同时，对室内气候调控的反复思考也是必不可少的。

自从2006年投入使用以来，素万那普机场已经面对了超过起步艰难的普通责难和媒介批评，针对各方面从流线、座位和洗手间到分裂的飞机跑道的异议，由于对腐败的建设管理和使用权租让的谴责，已经进一步升级。一些预定的尚未联合的航班已经转回新机场那时但还可靠的前任——廊曼机场了，而廊曼机场本来是将要移归私人以及军用航空所有的。

由于素万那普机场代表了一个巨大的公众和私人投资，据说超过30亿美元，包括飞机维护设施、停车库和一个酒店（除此之外还有一条连接机场与城市的崭新的高速公路和公交线路目前正在建设中），机场管理部门正试着应对这些问题。由零散的运作生发出来的许多功能缺陷远超出方案预期的承载力，还要特别加上对预算承担方激增的反对。

除开最初的这些小问题，新机场仍将十分明确地作为曼谷航空与国际间联系的最主要的手段，机场建筑激动人心的尺度和大胆的结构尝试也一定会让游客产生深刻的印象。由于抵达候机厅必须穿越其他公司（包括主轴线边的新酒店）

摄影师：©瑞纳·威尔特贝克(Rainer Viertlboeck)

附属建筑的一个夹道，扬一直都认为确保机场候机厅中央体量的主体地位是十分关键的（幸运的是这些占据显著位置的结构布置最后果然都很审慎有序）。

创新的气候控制工程（并非任何形式的"机械工程"）与结构处理方式同样具有创造力，但不那么引人注意。贯穿整个设计过程，建筑、结构和环境设计交织在一起，超越了建筑师与工程顾问之间传统的层级观念。

然而，促成这个项目的不可或缺的工程师们在方案获奖时却被忽略了。当那些顾问们开始发挥作用时，显而易见的是该方案的规模需要出色的工程师配合，使其结构本身切实可行，同时控制运作所需的能量。建筑事务所与两家斯图加特的工程顾问公司建立了理想的合作关系：一家是沃纳·索贝克工程顾问公司（Sobek Ingenieure），处理结构问题；另一家是超日工程技术公司（Transsolar Energietechnik），处理气候控制问题。

墨菲/扬建筑事务所的负责人赫尔穆特·扬（Helmut Jahn）认为这次合作是一个革新的经验，"这是我30年来第一次从工程师那儿学到新东西。"他说道。大家一起努力"将系统和建造提升到艺术的层次"要求"建筑师考虑更多形式背后有关技术的问题，也要求工程师考虑其技术概念的美学意象"，他补充道。

这次合作如此有效，以至于墨菲/扬事务所在曼谷新机场准备和动工接下来的10年内又与同一个工程顾问公司合作完成了另外几个项目。索贝克与建筑师曾在慕尼黑中心机场和科隆－波恩机场立面项目中大力合作，所有三个公司又在波恩的德意志银行总部塔楼（Bonn's Deutsche Bank Headquarters tower）、慕尼黑最著名的商业楼群（Munich's Highlight Business Towers）、日内瓦雪兰诺总部（Geneva's Serono Headquarters）以及拜耳公司（Bayer Headquarters）在德国勒沃库森的总部项目中通力合作。

在素万那普机场项目的合作中，工程师需要考虑的最主要的问题是曼谷热带地区强烈的高温、潮湿和日照。因此，整个团队设计了这个巨大的天篷，使其"漂浮"在机场中央大厅上方，控制性地引入部分光线，同时为玻璃外墙和边道提供基本遮阳设备。在整个689 ft×1860 ft的屋顶平面覆盖的室内空间中没有一根立柱，方案中清晰标明的巨大跨度通常只有在桥梁设计中才能看到。8根2710t重的桁架每个跨度为413 ft，两端各有一根长138 ft的悬臂梁——支撑着天篷。在素万那普机场，这些桁架基本反映了作用在其上方的弯矩的形式——最大弯矩出现在跨中和支点上。将这个整体结构形式继续深化，每根桁架截面都会根据上下弦杆受压状况有所变化：受压处设置双杆，受拉处设置单杆，因为后面一种情况在同样的荷载下所需的钢材较少。

这些巨型桁架使这个城市尺度的空间内部无需一根柱子。在由缆索支撑的玻璃墙内部，这个区域由一个容纳着诸多入关安检台的巨大广场构成，与其他很多机场别无二致，这些安检台排成一列，就像集市里的货摊。虽说头顶上由桁架支撑的天篷在结构方面获得了成功，令人印象深刻，但是它巨大的尺度和体量在白天投影下来时看上去还是有些压抑。然而到了晚上，整个巨大的结构

## 结构特色使方案
## 赢得竞赛

墨菲/扬设计的主控塔楼高434 ft. (近右图), 据称是世界第一高楼。中央大厅689 ft×1860 ft的屋顶平面营造出一个巨大的无柱式室内空间。8根2710t重的桁架支撑着天篷, 每根跨度为413 ft, 两端各悬挑138 ft。这些桁架通常在横断面会有变化 (右下图), 是其上方弯矩作用的基本反映, 跨中和支点最厚。候机厅 (对页图) 中弯曲的五点桁架截面为张拉式构造或玻璃 (远右图及对页图, 左图)

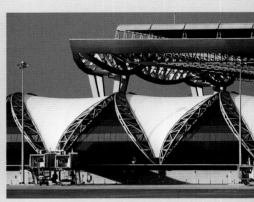

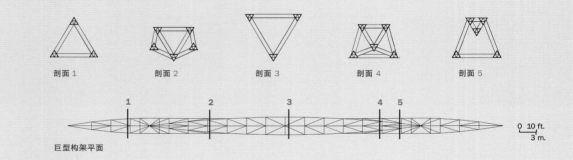

剖面1　　剖面2　　剖面3　　剖面4　　剖面5

1　　　2　　　3　　　4　5

0　10 ft.
3 m.

巨型构架平面

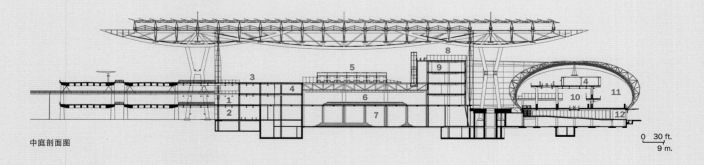

中庭剖面图

0　30 ft.
9 m.

| | |
|---|---|
| **1.** 抵达大厅 | **10.** 国际航班抵达通道 |
| **2.** 候车厅 | **11.** 国际航班候机厅 |
| **3.** 出发大厅 | **12.** 摆渡车登机口 |
| **4.** 零售店 | **13.** 国际航班出发通道 |
| **5.** 入关处 | **14.** 国内航班出发通道 |
| **6.** 行李提取处 | **15.** 国内航班抵达通道 |
| **7.** 行李归整大厅 | **16.** 卫生间 |
| **8.** 餐厅/观景平台 | **17.** 候客大厅 |
| **9.** 办公室 | **18.** 国际航班大厅 |

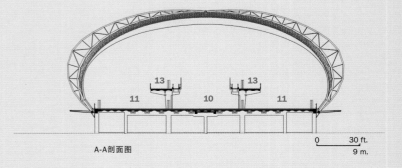

A-A剖面图

0　30 ft.
9 m.

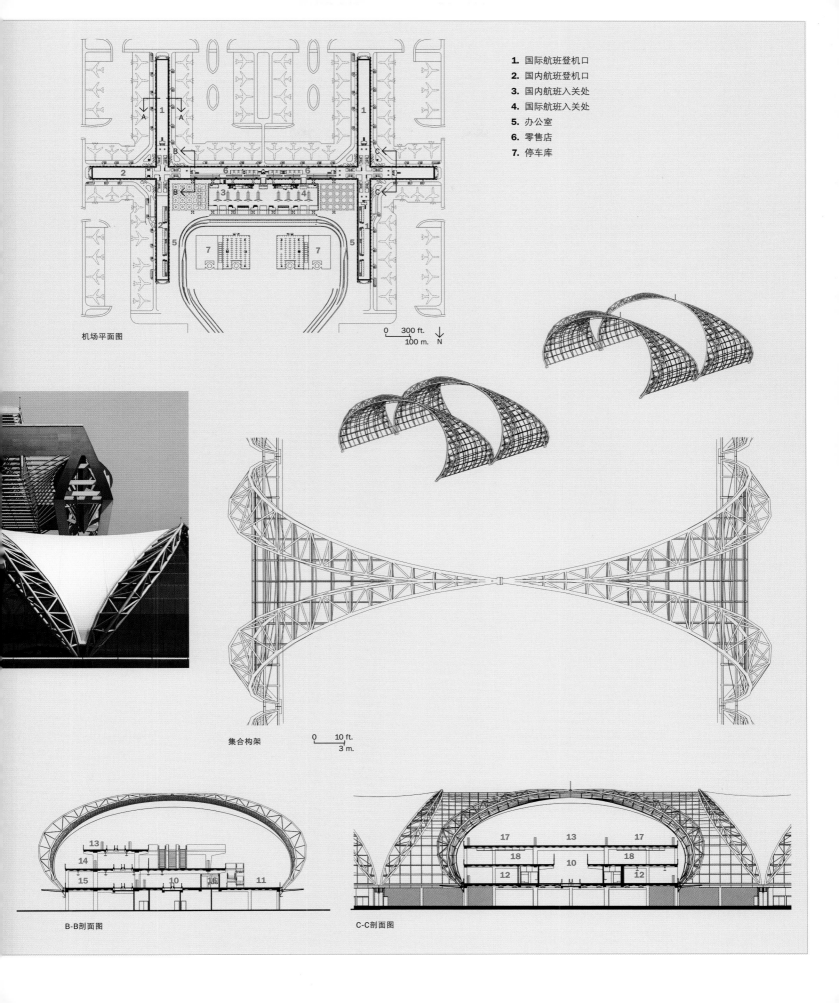

1. 国际航班登机口
2. 国内航班登机口
3. 国内航班入关处
4. 国际航班入关处
5. 办公室
6. 零售店
7. 停车库

机场平面图

0  300 ft.
0  100 m.  N

集合构架

0  10 ft.
0  3 m.

B-B剖面图

C-C剖面图

体量沐浴在蓝白相间的灯光之中，显得十分轻松愉快。

照明顾问为AIK公司的雅尼·科萨雷(Yann Kersalé)，他选用了钴蓝色灯光使主厅能在机场各式各样的夜间光源中脱颖而出。金属卤化物灯为柱子照明，蓝色荧光灯照亮桁架，蓝色霓虹灯则勾勒出天篷的边界，这三种光源形式相互调整配合以获得基本相同的色彩（扬曾在之前的机场设计中整合过色调极为浓烈的照明，如1987年设计的芝加哥奥黑尔国际机场美国航空公司一号集散楼）。

白天，天篷的主要功能是引入足够的自然光，从而将对人工照明的需求降到最低。由于相当小的一部分环境光就可以满足这个要求，设计团队决定在屋顶南面设置片片不透明的平面微斜的铝板，并在北面设置遮光率为95%的夹层玻璃。安装在室外的铝制天窗的设计阻断了所有直接照射的光线，同时也为部分天篷遮阳。

尽管机场拥有可调控的遮阳设备和较深的挑檐，对机场整个中央体量内部环境进行调节以满足旅客的舒适性需求（温度最高不超过75°F，相对湿度控制在50%~60%）的空调设备所需的能源仍可能耗费很大。这个难题向超日公司(Transsolar)负责人马蒂亚斯·舒勒(Matthias Schuler)提出了理想化的挑战，他在环境控制技术研究方面是以最小化而非简单满足机械需要为目标的。在这个47ft高的空间内，超日公司的方案只为有人活动的区域层（即中央大厅和各个候机厅从地面到8ft左右的高度内）提供空调控制，从而有效地缩减了对空调设备和能源的需求。

有效控制该空气层稳定性的关键是在楼板中埋设闭路冷却水管，以此对楼板进行冷却。通过对地面热辐射的转化，"辐射楼板"消除了可能散发

## 有效控制该空气层稳定性的关键是在楼板中埋设闭路冷却水管，以此对楼板进行冷却。

出去的不稳定热量，正如在虚拟模型和实际模型中确认过的那样。对地板进行冷却还能使机场在较低空调能耗下保持旅客的舒适度，从而节省了更多能源。贯穿整个集散站，齐肩高的风塔供给低速率空调新风，并以透镜形平面将其对旅客流线的妨碍降到最低限度。另外，这种空气分层的概念还使空调层上方建筑玻璃表皮无需进行保温隔热处理。由于上层空间的空气通常易比室外空气更热，位于较高部位的单层玻璃几乎可以忽略不计的保温隔热效果实际上有助于散热。

候机厅在结构上另有特色，与超大尺度天篷所采用的结构迥然不同。这些管状附件连通登机口，总体形式甚至与墨菲/扬的竞赛方案一致，不过实际上建筑与结构以及环境工程的整合还是通过这些构件的作用达到的。设计团队在建筑围护结构的设计中采用了张拉构造与局部玻璃相结合的做法，由此，玻璃部分（限定出一块块弧面三角形）在视线层基本可以保持连续。在头顶上，构造天篷和玻璃以底部20%的遮光度到顶部80%的遮光度渐变，形

为了使明亮的管状候机厅中的视线不受遮挡，建筑师设计出各种空间布局，插入不同层面的登机口等候区（上图），与更大的交通区域（右页图）形成对比。自然光弥漫整个行李提取区域（下图）

成有效的遮阳系统。在结构上，这些管状构造与五点桁架一起横跨89ft宽的候机厅，这种布局暗示了Y字形连接的构造。

一套令人望而生畏的结构、热工、声学、照明方面的需求为张拉构造的设计提出一系列挑战，结果创造出一种3层膜结构：最外层是高性能玻璃纤维聚四氟乙烯涂层[polytetrafluoroethylene (PTFE)]的结构和防风雨层；中间层是阻挡飞机噪声、吸收室内音量并起到抵抗风荷载作用的聚碳酸酯(polycarbonate)板气密层；最内层是完全透声的稀松组织玻璃纤维层；另附一层铝覆层以反射室外热量。当膜结构由于室内照明和拥挤以及室外日照和环境气温的影响而升温时，金属覆层便会守住热量，避免向室内辐射。"否则，"超日公司项目经理斯特凡·霍尔斯特(Stefan Holst)特说道，"（建筑表皮）就会变成一个巨大的散热器。"这种三明治式构造已经获得了世界专利。

虽说候机厅的围护结构只能传输1%~2%的有效日照，但这样就已经消除白天对人工照明的需求了（尽管玻璃遮光度会有渐变，但从室内看来还是完全透明的）。天黑后，金属内表面便成为一个十分有效的间接光线反射器了。

机场的功能往往包括一个大型购物中心（对如今的商业机场尤为重

要），零售商们获允将自己的地盘远远扩展到建筑师在设计中分配给他们的范围之外。为了方便这种未经规划的零售商业扩张，四组移动步道（总共827ft的步行距离）被移除，一些座位被置换，交通流线也被限制在一定范围内。预计开敞并方便定位的视线被隔断了。在这些旅客使用上的不便背后还存在着一些管理问题，如在诸多廊桥闲置的情况下国际航班摆渡车却在不断地穿梭。破损出租车道铺地的整修可能是导致这类问题产生的原因，此外还有航班对比老机场贵得多的廊桥"停靠"费的抵制。

在出发大厅中，如今廉价航班站台空间受到了限制，从起飞道到售票台的视线也受到了遮挡。在抵达大厅中，未经规划的商业货亭挤满了为旅客与朋友、同事、司机会面预留的区域。卫生间负荷过重在很大程度上明显是由未预期的安全屏障外的当地观光客所导致的，他们中的一些会在此逗留好几个小时。尽管这部分人群预计将慢慢减少，机场还是决定增建一些卫生间。

机场中央大厅两端为未来扩建预留的区域目前是由RPU景观设计集团设计的花园，花园的几何形式和有机形态均取自泰国传统。由于这些区域是可进入的，入口与旅客流线分开设置，设计师希望能从二三层观赏到花园景观。若要穿越由NT建筑事务所设计的位于主厅和与之平行的候机厅之间的林园，旅客必

须从在更大尺度事务的安排中，机场现有的功能不足是最常见的范例：甲方，即这栋建筑的主人，有可能对即便是最好的设计意图进行阻挠。考虑到该机场作为一个国家级地标巨大的投资和广泛的异议，机场管理可能会纠正一些实物上不妥的变更，从而加强室内空间体验的品质，恢复墨菲/扬原先设想的部分通道以及无遮挡的景观视线。素万那普机场的对未来公共设施的设计很有教育意义，既有启发也有警示。而对旅客而言，补救措施应当多为他们体验机场令人愉快的空间提供机会。

给该项目评定等级，请登陆 architecturalrecord.com/projects/.
提交您的项目，请登陆 construction.com/community/gallerylist.aspx.

克里斯托夫·**英根霍芬**和工程师沃
纳·索贝克、克劳斯·丹尼尔斯为法兰克福的
**汉莎航空中心**设计了一个水晶状的、
高效能量的工作车间

**LUFTHANSA AVIATION CENTER**
Frankfurt, Germany
**Ingenhoven Architects**

1. 机场环路
2. 法兰克福机场停机坪
3. 未来扩建的场地空间以及
   通向地下停车的坡道

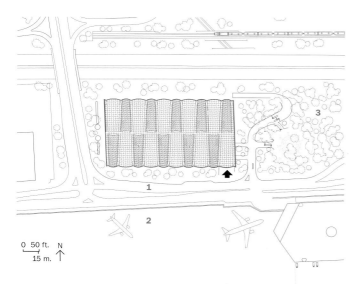

0 50 ft.
15 m.　N

从东边端头向建筑走近，
大量的透光玻璃和轻质的
混凝土框架给了航空中心
一个轻盈的外观。这个临
近机场的长而连续的建筑
物提供了天光中庭和隔声
的办公环境

从建筑北侧的公路望去，交相呼应的办公和中庭开间在夜间清晰可见（左图）。办公的三层玻璃直落而下，在基地繁忙的一侧阻隔了一切噪声入侵的可能

**By Peter Cachola Schmal** 王衍 译 戴春 校

近几年里，曾在德国杜塞尔多夫（Dusseldorf）开始建筑实践的克里斯托夫·英根霍芬（Christoph Ingenhoven）在激烈的建筑市场中以强有力的形象涌现出来，这要归功于他始终强调建筑的技术性和可持续性的建筑处理方法。尽管他在1991年为法兰克福商业银行大厦设计的蓝图最终败于诺曼·福斯特（Norman Foster），但他的公司——英根霍芬建筑事务所（Ingenhoven Architects），接着为RWE（Rheinisch-Westfälisches Elektrizitätswer），设计了一座高416ft的优美的塔楼，塔楼位于德国埃森，并于1997年完工。他说，这是有史以来第一次以生态为导向的高层建筑设计，它采用了覆盖整个立面的双层玻璃幕墙，以实现自然通风。现在，英根霍芬在卢森堡、日本大阪、澳大利亚悉尼进行着多个塔楼的设计。

英根霍芬最主要的近期作品是位于德国的汉莎航空研究中心（Lufthansa Aviation Center）。建筑策略性地坐落于法兰克福机场的边缘，受控于空气污染和噪声传播污染这些值得思考解决的限制。建筑的基地北侧是德国境内最为繁忙的高速公路之一和连接法兰克福到科隆的ICE高速铁路，南侧则是机场，基地被两者挤压于中间。英根霍芬为汉莎航空所做的获胜方案设计是一座强大的现代结构，结构分成10个羽翼，并被闪耀着玻璃光辉的院子所分隔，这些院子的作用是作为热缓冲区，同时为办公区域的1850名汉莎员工提供新鲜空气。覆盖整栋建筑的双层和三层玻璃包裹，加上各种气候调节工具比如内置的液体循

Peter Cachola Schmal，建筑师及作家，法兰克福德国建筑博物馆（Deutsches Architektur Museum, in Frankfurt, Germany）馆长。

环调温系统，通过推迟储存释放冷热激活裸露在外的混凝土表面的热质量，以及附加的热回复方法、高效的遮阳系统和空气通风系统，这一切都振奋人心。所有的一切都使得热量损失和能量损耗控制在仅仅每平方英尺355千瓦时。建筑的如此低水平的能量损耗几乎接近于德国低能耗住宅的标准。这些令人惊叹的成效是与气候咨询公司"HL技术"（HL-technik）的创始人——气候工程师克劳斯·丹尼尔斯（Klaus Daniels）紧密配合的结果。英根霍芬同时还加入结构工程师沃纳·索贝克（Werner Sobek）[通过与墨菲/扬事务所（Murphy/Jahn）的紧密合作而闻名业界，见第122页]的团队，以确定玻璃以及混凝土屋顶的模数的形状。建筑入口前室的玻璃屋顶长达60ft的自由跨度足以值得炫耀，它由非弯曲的桶状网格壳体组成，由矩形截面的钢焊接而成。这些网格连接在桶状的覆盖着办公空间的混凝土屋顶上，看上去好似壳形的外观，基本是弯曲的、平整的、11in厚的板材，被单个的高性能混凝土柱子或者核心支撑起来。在两个屋面系统的接合处，英根霍芬引用了一种特殊的、基于空气动力学实验设计的翼状扰流板。扰流板在其上方制造了一个永久性的中性风压区，它帮助建筑将

**项目名称：**德国法兰克福汉莎航空中心

**建筑师：**英根霍芬建筑事务所——

**主持：**克里斯托夫·英根霍芬

**工程师：**沃纳·索贝克（结构）；克劳斯·丹尼尔斯/HL技术，BRENDEL,EBERT（建筑维护）

**顾问：**DS-PLAN（立面设计）；DS-PLAN，Institut für Bauphysik Horst Grün（建筑物理）；Tropp Lighting Design（灯光设计），WKM Weber Klein Maas（景观设计）；Baumgartner & Partner（能源概念）

办公空间和充满光线的中庭形成10个开间，平面略带有楔形，这样，办公空间的窄端和中庭空间的宽端可以相接面向外侧。从外面看，充满景观和植物的中庭似乎更占有主导地位

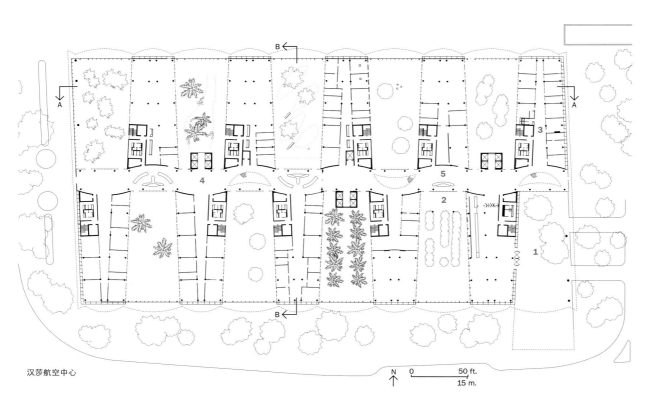

汉莎航空中心

1. 入口门廊
2. 中庭
3. 办公
4. 交流空间节点
5. 网络终端
6. 车库

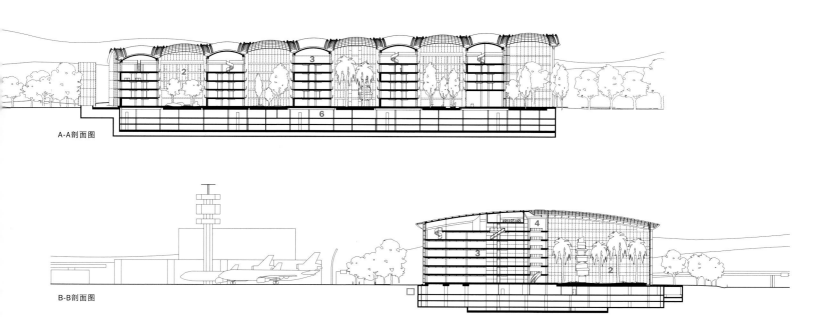

A-A剖面图

B-B剖面图

入口大厅的屋顶（左图）以及那些中庭的屋顶都采用双曲线的钢材网格和玻璃片建造。WKM韦伯·克莱恩·马斯（WKM Weber Klein Maas）设计的景观采用了来自不同地区的树种以提供多样性。室内玻璃的木材料框架更为整个空间增添了自然的语调

污浊的排气从建筑中庭里抽出来。除了这样精心制作的技术性细部之外，建筑师更着眼于创造一个目标是为了保持员工健康的工作环境、对每一个人都同等舒适的工作空间。高质量的隔声玻璃使建筑室内的声音等级保持了令人惊讶的低程度，同时，开放平面的空间和全透明的分隔墙带来了充足的自然光线。建筑的主通道里零星布置了许多咖啡座的休息点，鼓励员工之间的非正式交流。与那些常规且乏味的走廊不同，英根霍芬令人振奋的如同裁剪礼服的空间结构孕育了观察这个多层次建筑的视野的多样性。底层的花园由景观建筑师团队WKM[韦伯·克莱恩·马斯（Weber Klein Maas）]设计，同样为创造休闲的环境和轻快的气氛作出了贡献。员工餐厅位于建筑顶层，可以向北俯瞰临近的凯尔斯特巴赫(Kelsterbach)森林，或者向南鸟瞰南部的停机坪。托马斯·迪孟德（Thomas Demand）的主题为人工雨林的巨幅摄影画布装饰着这里的墙壁。他特意为建筑环境主题所创作的作品是最近新增的，为这个工作空间的未来增添了色彩。这同时还包括了由既是策展人也是博物馆主持的马克思·何雷恩（Max Hollein）和尼可劳斯·沙芙豪森（Nikolaus Schaffhausen）策划的一系列艺术收藏品的展览。

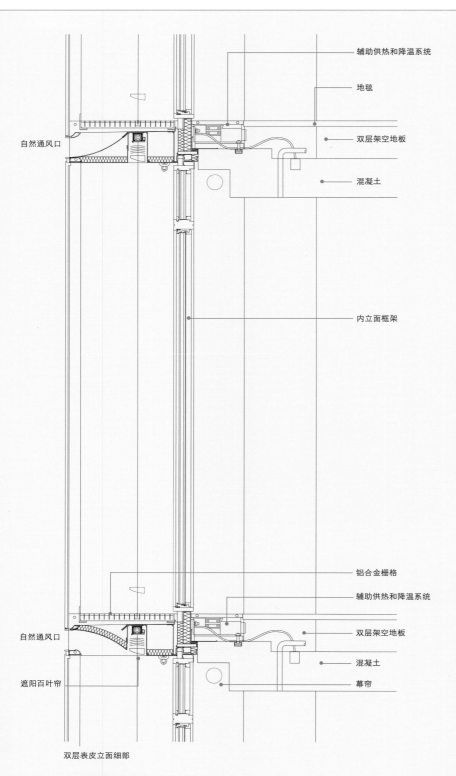

辅助供热和降温系统

地毯

双层架空地板

混凝土

自然通风口

内立面框架

铝合金栅格

辅助供热和降温系统

双层架空地板

混凝土

自然通风口

遮阳百叶帘

幕帘

双层表皮立面细部

**双层玻璃幕立面提供了低能耗的空气加热、冷却、循环通风系统（剖面，上图）。中庭内垂直紧绷的钢缆（上图和右下图）创造了一个精巧的玻璃框架系统**

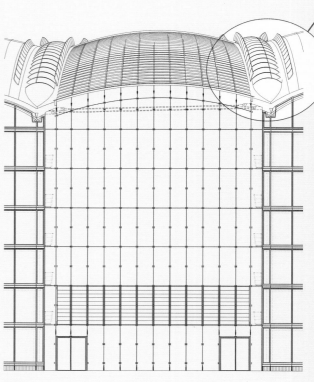

门面房

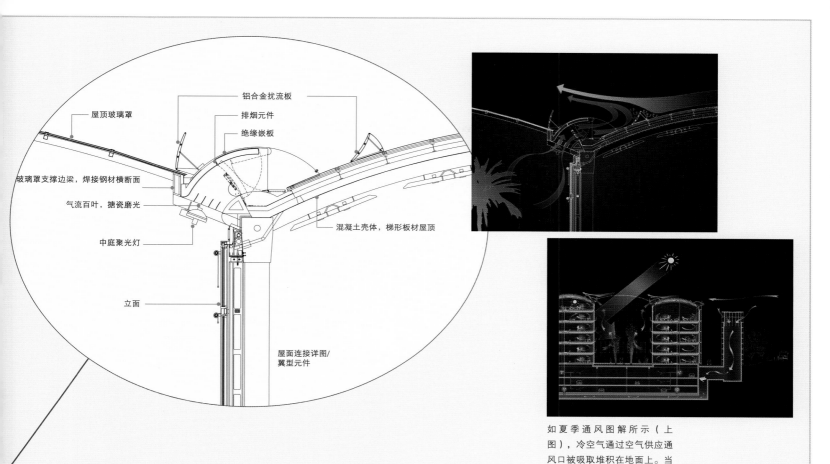

铝合金扰流板

排烟元件

绝缘嵌板

屋顶玻璃罩

玻璃罩支撑边梁,焊接钢材横断面

气流百叶,搪瓷磨光

中庭聚光灯

立面

混凝土壳体,梯形板材屋顶

屋面连接详图/
翼型元件

如夏季通风图解所示（上图），冷空气通过空气供应通风口被吸取堆积在地面上。当上升时，它帮助办公空间降温；那样一来，暖空气就被机翼状构件吸起来（顶图）

## 在低能耗、高科技结构体系上通力合作

英根霍芬和工程师沃纳·索贝克共同为这个模数化的场馆创造了一种加固混凝土结构。预应力的加固混凝土壳体有138ft长、11in厚。它覆盖了办公侧厅，而中庭的屋顶则是被非弯曲的、焊接在一体的矩形截面钢结构形成的桶状拱形壳体所覆盖。中庭四角高耸、纤细、加固混凝土的柱子提供了结构支撑，但不会阻隔视线。在混凝土和钢网格拱形屋顶的交接处，机翼原理的元素帮助通风系统和雨水控制系统的运作。工程师克劳斯·丹尼尔斯构想的许多气候控制的元素遍及整栋建筑

1. **办公空间**
2. **架空地板**
3. **遮阳板**
4. **周边供热和降温系统**

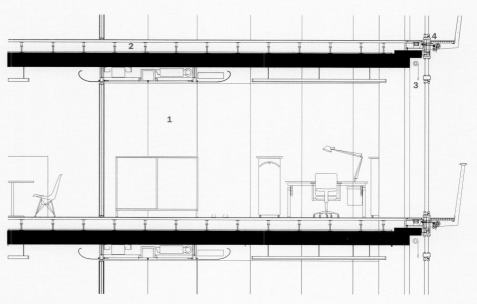

办公间立面

今天，机场已经进入满负荷运作。有计划将准备在高速公路北侧建设第三条机场跑道，这将把机场的运行容量从每年5300万客流量增加到7500万。目前的情形从政治上看是错综复杂的。但是，对这个不寻常的机场来说，至关重要的是它相距法兰克福中心商务区仅仅20min车程。当跑道建设完成后，位于现有停机坪以南的第三个航站楼，将在这个过去是美国莱茵-美因空军基地（U.S. Rhein-Main airbase）的地方建造起来。这将能使汉莎航空公司扩张他们的总部。

既然英份霍芬设计了模数化的办公综合体以允许未来的扩张加建，这个扩容在将来可以非常轻松地容纳4500人。缓慢上升的建筑轮廓作为弓形月牙的一部分，将在整个建筑达到1600ft长的时候正式宣告完成。它的存在将不会仅仅代表办公空间演变的一个通属例证，同时也将成为世界上最大的位于极具公共性的交通结点处的生态工作空间综合体之一。

一个波浪形的中央脊骨结构使航空中心分成两叉，同时，对月牙形的中心走道的交流空间来说也足够宽（上图）。月牙形开场

围绕着弯曲敞开上升的楼梯，引入充足的日光，同时鼓励了层与层之间的视觉交流

给该项目评定等级，请登陆 architecturalrecord.com/projects/.
提交您的项目，请登陆 construction.com/community/gallerylist.aspx.

月牙形开敞的布置以及贯通7层建筑的玻璃栏杆，创造了一个雕塑般的光之井（如果是因为稍许炫目的话）

在Willamette河岸，缆车像飞鸟一样悬挂于山顶的俄勒冈健康与科学大学和山下半英里的一个新医学院校区联系在一起

# AGPS建筑与奥雅纳公司戏剧性地酝酿出波特兰市的空中缆车，一个惊人的结构工程地标

## PORTLAND AERIAL TRAM, PORTLAND
Oregon, USA
**Agps Architecture**

1. 俄勒冈健康与科学大学
2. Marquam 山
3. 缆车入口
4. 上方站
5. Terwilliger 花园大道
6. Corbett Terwilliger Lair Hill居住区
7. 步行桥
8. 缆车塔楼
9. 下方站

N 0 200 ft.
↗ 60 m.

除了连接一端的俄勒冈健康与科学大学的山顶校园，这个缆车工程在山下的终点站成为一个新的高密度复合功能的滨水社区的中心

**By Randy Gragg** 孙彦青 译　戴春 校

在美国俄勒冈的波特兰市，一套新的缆车装置没有按惯例登陆在山腰间再铆固到岩床上，而是像奥运会上表演的高水准体操那样耸立在两个200ft高的塔楼间。与此相似高度的高层建筑，即使没有缆车在上面，也需要考虑很多的工况（即结构工程在不同荷载情况下的工作状况，译者注）。与此相对照，波特兰的缆车结构工程设计者——奥雅纳公司为这个工程奇迹计算了2000种以上的工况，如承载由100万lb重的空中钢缆和轿厢带来的1.65亿lb的反弯矩；缆车轿厢彼此会车通过时产生的2万t弯矩；以及伸展在3300ft长线路上的钢缆所承担的80t的风荷载。

位于山顶的俄勒冈健康与科学大学不仅建造了跨越山谷的桥梁和建筑，还增加了这套空中缆车系统作为最新的联系。这个举动立即将山脚下的最新土地开发联系起来，并强化了一个密集的通道网络，它界定着不同年代的各个医学院校园（包括本项工程涉及到的这个）。鉴于缆车要从空中飞越波特兰市最古老的国家级历史街区、2个公园、13条街道、8条快速路，这个建筑设计必须具有说服力。于是开发商、大学和市政当局组织了国际竞赛，而AGPS建筑（由Angelil的洛杉矶和苏黎士分公司/Graham公司/Pfenninger公司/Scholl公司联合）与洛杉矶的奥雅纳结构公司通力合作击败了其他三个竞争对手。从瑞士著名的木

结构工程师朱利叶斯·奈特尔（Julius Natterer）的作品以及当地伐木者堆积树桩的传统那里获得了灵感，AGPS与奥雅纳组成的团队最初提交的方案就包括高科技的胶合板木塔楼和镜面的浑圆流线形体轿厢。

但现实是无情的。校园现有一个所谓的"第九层楼"，是用来联系医学院山地校园所有的住院部和研究场所的一层连续的走廊和空中天桥。为了完全与它整合起来，缆车需要在一个正在建扩的医院着陆。学校方面担心，470kW功率的带动着8ft直径主齿轮以及40t重不停地上上下下的混凝土平衡块的发动机会震动医院的显微外科手术设备，这使得结构设计团队不得不将缆车与医院的结构脱开。于是，一个独立塔楼不仅要作为地势较高一端的缆车站，还要承担100万lb重的空中钢缆和轿厢。

建筑师和结构工程师深知对于木结构而言这种荷载会太高，而设计团队很快从奥地利的缆车制造商Doppelmayer那里得知结构的允许偏差很苛刻：上方塔楼的最大允许位移是1.5in，而中部塔楼则是3/4in。AGPS的执行合伙人AIA会

Randy Gragg 是 The Oregonian 报的前建筑评论员，现任新遮蔽物和城市设计杂志《Portland Spaces》的编辑，该杂志于今年1月首次发行。

**项目：** 波特兰市空中缆车, 俄勒冈州
**建筑：** Agps建筑—— 莎拉·格雷厄姆(Sarah Graham), AIA会员, 合伙人；Marc Angelil, Moshik Man, Mark Motonage, Joe Baldwin, Scott Utterstrom and Chet Callahan, 项目组成员

**工程：** 奥雅纳（结构、水、电、暖）；Dewhurst Macfarlane and Partners(立面工程)；Geo Design(地质技术)；W&H Pacific(市政)
**总包：** Kiewit Pacific Company

作品介绍 PROJECTS

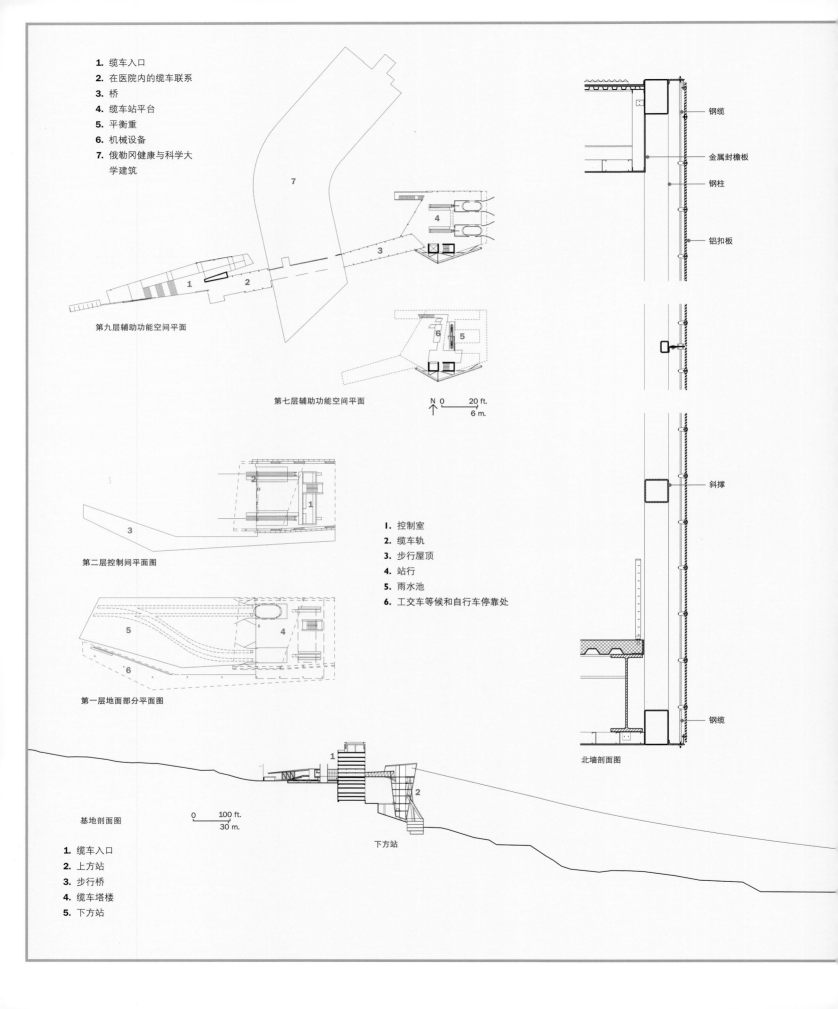

1. 缆车入口
2. 在医院内的缆车联系
3. 桥
4. 缆车站平台
5. 平衡重
6. 机械设备
7. 俄勒冈健康与科学大学建筑

7

4

第九层辅助功能空间平面

3

第七层辅助功能空间平面

6 5

N 0 20 ft.
6 m.

2

1

3

第二层控制间平面图

5

4

6

第一层地面部分平面图

1. 控制室
2. 缆车轨
3. 步行屋顶
4. 站行
5. 雨水池
6. 工交车等候和自行车停靠处

钢缆

金属封檐板

钢柱

铝扣板

斜撑

钢缆

北墙剖面图

1

2

基地剖面图

0 100 ft.
30 m.

下方站

1. 缆车入口
2. 上方站
3. 步行桥
4. 缆车塔楼
5. 下方站

## 极少主义建筑
## 体现丰富理念

**AIA成员、项目执行合伙人莎拉·格雷厄姆**说道："这个缆车的概念就是极少主义的设施，这些图纸就是要以减法的语汇来表达这个概念。我们使用尽量少的线条，以此转换成尽量少的层和材料"

剖面（最左图）指出了变截面199 ft高的中间塔楼的主要焊接点。平面图（左图）从塔楼的不同高度剖切，指出了从它的基础到顶部所承当的扭转，要求在5/8in厚的钢板上使用精准的深融焊接工艺来抵抗缆车巨大的动荷载

**1.** 承垫
**2.** 着路
**3.** 景观

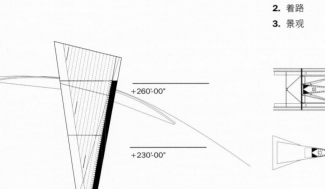

+260'-00"

+230'-00"

+200'-00"

+170'-00"

+140'-00"

**2**
+110'-00"

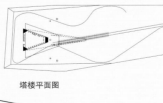
+80'-00"

**3**

N   0    20 ft.
         6 m.

塔楼平面图

纵剖面图

0    10 ft.
     3 m.

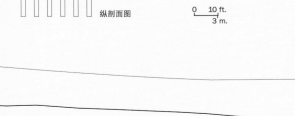

4

3

5

低处站点

缆车系统包括一个上方站（上图、左下图以及旁页图）；一个中间的支撑塔楼（右上图背景中）；一个下方站(右上图和右下图)；以及以卸载原理设置运行的两个缆车轿厢；上方站嵌入到医院建筑间，是一个有盖的开敞平台，以平衡于陡坡场地上的钢腿支撑。下方站是个位于街道层的有顶开敞式站台

员莎拉·格雷厄姆（Sarah Graham）回忆道："那几乎是不可能的"。合作团队很快放弃了木材而转向钢结构，但仍然希望保留最初的"简单而轻巧"的设计概念。通过结合使用混凝土材料楼梯和电梯井道，上方塔楼可以被加强，而最初提出的十字交叉的底部架空部位证明可以转变为简单的两个彼此平衡支持的A型框架，它是由1in厚的钢板制成的四条中空支腿，然后锚固在一个10ft厚的桩承重台中。

然而，中部塔楼要求的抗扭转的稳定性却很难解决。在最初的竞赛方案中，设计人员设想一根独立的缆索稳定的塔杆形体。他们曾经提出一系列有多条腿支撑的方案，但它们不是缺乏必要的结构刚性，就是不具备未来城市象征所要求的优雅形象。那时曾经在奥雅纳工作而现在服务于Thornton Tomasetti的结构工程师史蒂夫·拉奇耶说道："任何一个与大写字母A-建筑相关的项目，你提出很多种方案，但最终很可能会走向死胡同"。格雷厄姆最终转变了她的策略而选用钢材，她提出："要与力共舞"，于是由3/4 in厚的钢板构成了中空、变截面、独立式的弯曲塔楼雕塑。尽管它的形象如同布朗库西(Brancusi)绘画中的飞鸟一样优雅，但塔楼本身才是成功的关键：与垂直方向10%的倾斜很好地抵消了缆索的荷载，而仔细焊接成型、变截面的梯形剖面以通常所言的"涡激震动"方式平息了风震。

格雷厄姆描述这个缆车设计是"完全的工程设计"，这使得源自她话语的美学探究和争论更有趣。由于预算削减，如取消了缆车站挡风板的太阳能光电池玻璃和聚碳酸酯材料，于是格雷厄姆与纽约Dewhurst Macfarlane and Partners公司的立面工程专家们合作，使用能找到的最粗糙的张拉铝网筛。作为贴面第一次被使用的这种材料，需要通过严格的风试验，最后的效果是粗笨但却适用的缆车站露台被包裹在超然的光影和闪闪发光的云纹图案中。

从"形式追从工程"的高难度设计要求出发进行的最大胆冒险是缆车轿厢的设计。预算要求设计者使用粗笨的但却已经满足了安全法规要求的Doppelmayr公司的基本框架设计；但对于外部的表皮，Doppelmayr重新雇佣了两名布加迪跑车已经退休的员工用手工锻造出轿厢的流线型体。最终的结果不是AGPS与奥雅纳开始提出的那种曲面型体，但是却更好：一个简约而古典的设计为这个没有先例的交通设施的诗意极少主义风格增添了一抹恰到好处的重彩。

给该项目评定等级，请登陆 architecturalrecord.com/projects/.

提交您的项目，请登陆 construction.com/community/gallerylist.aspx.

# 引言： 高层建筑——高耸，还是炫技

## Tall Buildings: Topped/Tapped Out

"如果要降低造价的话，你们为什么不降低楼层而偏要减少每层的面积呢？"
——保罗·纽曼扮演的建筑师道格·罗伯茨（Doug Roberts）在电影《火烧摩天楼》（The Towering Inferno）中的对白

**纽约世贸中心7号楼**

纽约

这一造价昂贵的塔楼可以被视作SOM建筑设计事务所为接下来的"自由塔"项目进行的预演，创造了建筑安全领域的新纪录

**卡塔尔多哈运动城之塔**

卡塔尔多哈

这是法国AREP建筑设计与规划公司和美国设计师哈迪·西曼（Hadi·Simaan）为这一快速发展的城市创造的永恒地标，将成为亚运会期间这座城市的骄傲

**蒙得维的亚大厦**

荷兰鹿特丹

麦卡努建筑师事务所通过外立面幕墙材料的运用，使得这一高层住宅楼呈现出多面性，暗示了这座后工业时代的重要城市所具有的多元居住状态

By Russell Fortmeyer　李颖春 译　戴春 校

摩天楼卷土重来了！从1871年芝加哥火灾之后的初露端倪，到欧洲初期现代主义的乌托邦代言，摩天楼最终在美国达到了发展的顶峰，在那里它被视为某种具有迷人魅力的集体荣誉的象征。经过后现代主义的放浪形骸，以及之后与高科技的过从甚密，摩天楼最终在2001年的"9·11"事件中低下了高贵的头颅。然而，它始终是我们这个时代强有力的竞争者，如今似乎又开始恢复元气。

每一次，我们都认为自己已经解决了类型学上的问题，全然了解自己想要什么，并由此创造出最鲜活的案例。然而事实上，摩天楼只是大摇大摆地滑向另一条道路，成为芭比娃娃在建构上的转译——沉湎于闪亮的缀饰，满足于光鲜的外表，同时毫无深意可言。对此，我们却往往束手无策。

"工业的进步已经使得所有异想天开的形式成为可能，然而我们却并不十分清楚这些形式意味着什么。"奥雅纳纽约工作室结构工程师，现任高层建筑与都市环境委员会主席戴维·斯科特（David Scott）不无忧虑地表示："人类正在变得过于轻率。"他担心，虽然高层建筑有助于加快全球化的都市进程，但是建筑师和工程师们对随之出现的诸如生态影响之类的环境问题并没有给予足够的重视。通常，建筑师只是把某些可持续理念加入现有的摩天楼类型，而很少去质疑这一类型本身。

我们正在被各种新奇的摩天楼所淹没，然而这一类型的重生似乎仅仅依靠两种设计策略：高耸，或者炫技。好比是在"哥特式"或者"巴洛克"之间做一个选择，而将文化的荷载降到最低。"高"不是问题，虽然不清楚究竟需要多高，但我们总是可以做到更高。"炫"则比较难于界定——是某种技术性的花招？还是风格上的诡计？抑或仅仅是披上一层时髦的可持续外衣？世贸中心遗址的重建方案，正是一次又一次冗长的炫技表演，徒劳地试图恢复过去的荣

**FXFowle建筑师事务所设计的印度塔将采用多项可持续技术**

耀。好在无论何时，我们终究还是能够找到一两个能够寄托我们期望的摩天楼——"迪拜塔"（Burj Dubai）和北京的CCTV大楼。

SOM事务所芝加哥工作室的结构工程师比尔·贝克（Bill Baker）宣称，"迪拜塔"在2008年建成之时将成为世界上最高的建筑物，约可高达160层，2600ft。同时，奥雅纳公司的塞西尔·巴尔蒙德（Cecil Balmond）宣称，他与雷姆·库哈斯的大都会建筑事务所合作设计的CCTV大楼也将于2008年落成，这是他迄今为止设计过的在结构上最复杂的建筑。不论是高耸还是炫技，这两座塔楼都是某种偶像崇拜的产物——在扩张的阵痛中进行政治宣传的视觉工具。

与此同时，"迪拜塔"和CCTV大楼蓄意挑战了美国作为摩天楼之都的假定，虽然这两个项目以及其他很多项目都表现了全球设计团队的集体力量，而美国在此做出了重要的贡献。计算机并不在乎你身在哪里，而被SOM, Arup, KPF和Buro Happold这样的全球企业所青睐的所谓"建筑信息模型"（BIM），正试图使得合作设计过程变得更为简便和具象。但是，这些只不过是建筑学和工程学的内部问题，完全可以通过市场（比如Autodesk和Bentley这样的工程软件）得到解决，而想要建成这些高耸或者炫技的项目，我们还得仰仗官僚主义者和生意人。

诚如世贸中心遗址重建的一波三折所反映的那样，市场以及不断变化的需求已经使得美国对于摩天楼的关注落入十分危险的境地——很多国内的观察家和摩天大楼的支持者似乎已经甘于接受任何平庸的结果，或可称之为"迈阿密效应"（Miami Effect）。由此，媒体倾向于围绕诸如"民主"这样的细枝末节大做文章，狂热地称颂在迪拜、阿布扎比、上海和北京等地正在发生的建筑奇观——"就这么定啦！"（just-get-it-done）——而将合理工作场所的选址以及平等就业的法规置于脑后。反之，如果说建筑需要共产主义来实现一个像CCTV这样的项目，那么它需要什么才能实现我们"零地带"（Ground Zero）的复兴呢？

SOM正在为中国广州设计的珠江大厦将继续受到世人的关注，这是世界上第一座"零排放"自供能的摩天大楼，该项目代表了那种人民共和国的乐观主义——而这恰恰是美国摩天楼曾经拥有的精神。同为SOM的作品，无论是"迪拜塔"还是世贸中心遗址上的"自由塔"，都无法与这个珠江项目以"表现"为目的的革新相媲美。然而设计界中仍然存在不少质疑的声音，因为真正意义上的建筑"表现"是某种不确定的冒险，尤其对于摩天楼来说。可以负责地说，世界上以这样罕见的策略设计的高层建筑不会超过一打。没有先例可循，导致了业主的不安。

英国在6月份宣布，目前已有超过一半的人口生活在城市中，而上述这些悬而未决的事项就在我们这个创造新的都市环境的急切进程中被拖延着。就最近建筑的繁荣局面而言，批评家和理论家除了关心世贸中心遗址重建和发生在迪拜或广州的事件以外，似乎极少涉足高层建筑的问题。难怪库哈斯那本到明年就满30岁高龄的老书《疯狂的纽约》，至今仍然是建筑院校中最具煽动性的读本。即使是库哈斯，现在也变得寡言实干起来，像他最近在泽西市提出的摩天楼方案也难以激动人心了。2002年，杨经文出版了他的《摩天楼的再创造——都市设计中的垂直理论》（Reinventing the Skyscraper, A Vertical Theory of Urban Design），书中提出了一种雄心勃勃的摩天楼原形——可以对环境做出反应的自足的生态系统。异质的、会生长的空间被集合组织起来，在全球紧密联结的互联网文化中近似地取代一座城市的功能。杨的文字和概念设计无疑具有吸引力，尤其是关于绿色系统的建立。然而正像库哈斯一样，杨的建成项目在未建提案中所占的比重过小，除了空洞的概念以外，很难估测其实际效果。无论如何，所有这些只能算作抽象的"建筑"，不是你在上海的日常经营。正如杨经文最近在纽约的演讲中提到的："低能耗设计是关于生活方式的问题。"然而，谁愿意拿着生活方式去冒险呢？

在我们这个并不缺乏妄想家的时代里，库哈斯和杨经文不管怎样都代表了一种可以信赖的声音。库哈斯的CCTV大楼优雅地获得了杨所称颂的"系统

摄影：COURTESY OMA/REM KOOLHAAS AND OLE SCHEEREN（左图）；TVSA（中图）；SILVERSTEIN PROPERTIES（右图）

由大都会建筑事务所与奥雅纳合作设计的CCTV大楼（上图），在摩天大楼的结构革新方面处于领先地位

TVS设计的"迪拜塔"（下图）由四座塔楼组成，是迪拜泻湖发展计划的核心项目，最大的一座将高达97层

纽约世贸中心遗址上的待建项目（上图），从左至右依次为SOM的"自由塔"，以及分别由诺曼·福斯特、理查德·罗杰斯和槙文彦设计的塔楼

的复杂性"，同时避免了杨提出的伦敦"大象城堡生态塔群"（Elephant and Castle Eco-Towers）中利用空中花园和屋顶平台这样的生态外衣和多层结构体系来表达可持续理念的手法。然而，这两位建筑师都参与了自早期现代主义以来对摩天楼的崇拜，并在都市设计中过分地赋予这一建筑类型无与伦比的重要性——库哈斯带着一些嘲讽的意味，因为他知道类型已经是昨日黄花；杨经文则深信自己构筑的故事情节。我们曾经称为乌托邦的这一类建筑，寄托了对于不能实现的摩天楼的梦想。然而今天被卷入这些新建摩天楼的人们，要么对于理想一无所知，要么就干脆拒不承认。

评论家辛西亚·戴维森（Cynthia Davidson）在2004年春季的Log杂志上，哀悼了当今摩天楼理想的真空状态。他认为，如今的高层建筑仅仅是被经济利益驱动的权利的象征，而库哈斯书中提到的20世纪二三十年代纽约的情形已经一去不复返了。由此，"9·11"事件以后的批判余波，并没有宣告摩天楼的终结，反而揭示了在文化、社会和政治方面延续的价值。对于经济发展中地区的评论家而言，情况尤其如此。

因此，如果说任何摩天楼——不论高耸还是炫技——归根到底只是权利的象征，那么我们就必须转而讨论一下，究竟是谁——花钱创造了这些个人或城市的象征物？用戴维森的话来说，就是谁正在"建造权利"？这是世贸中心遗址的教训，在力所能及的可能的政治气候下，石油地产业和它的宠物建筑一起在今天的经济制度下进行着投机买卖。个人、公众和全球的力量都不再关注相对微小的本土影响，甚至对地域性的基础设施紧张问题也熟视无睹。

通常，我们倾向于庆幸成功的合作，也饶有兴趣地想要控制这种合作，以便能够建造出非同寻常的摩天楼，通过天际线中的摩天楼来定义我们对于进步和经济成功的信念。想象力的缺乏阻挠了世贸中心遗址的重建，政治问题同样困扰着另一些巨型项目——比如弗兰克·盖里在布鲁克林亚特兰大场（Atlantic Yards）和洛杉矶格兰大道的姊妹楼。然而这些只是暂时掩盖了我们对于摩天楼

的痴迷，其程度之深，以至于在几乎每一座美国城市中，我们一直在气喘吁吁地将那些陈旧的高楼改作住宅。

记忆的选择性使得我们忽视了早期摩天楼相对快速的荒废。我们总是热衷于不断建起新的高楼，在类型学传统上构建起给人印象深刻的设计先锋。是否可以想象，有一天伦佐·皮亚诺（Renzo Piano）的纽约时代广场也将沦为公寓楼？届时，那些超现代的可持续特征——打通的楼层、怪诞的陶瓷杆遮阳装置，在变换不定的商业经济地景中将被视为毫无根据。建筑（以及专业媒体）日复一日地掩饰着这一问题，而即将到来的答案或许将使很多人大吃一惊。

现在，我们可以想到三个当前的例子来证明摩天楼是如何炫技的。SOM完美然而直白的世贸中心7号楼，娴熟地驾驭了光和透明性，是9·11事件以后遗址上建起的第一个建筑物；麦卡努在鹿特丹的蒙得维的亚大厦是水岸线复兴的核心项目，一个垂直的体块被有差别的幕墙表层、退台和令人眼花缭乱的悬挑所打破；AREP为卡塔尔多哈设计的运动城之塔，在这个瞭望塔的钢结构表层之下，增加了隐藏在背后的复杂体系。如果说这几个项目还不足以宣告摩天楼的卷土重来，至少也毫不动摇地拉开了复兴的大幕。

圣地亚哥·卡拉特拉瓦（Santiago Calatrava）设计的"芝加哥螺旋塔"（下图），高达2000ft，将成为美国最高的建筑

Arquitectonica事务所设计的鲁鲁岛大厦（上图）将成为阿布扎比人工岛上最大的项目

SOM设计的"迪拜塔"（下图），高度超过2600ft，建成之后将成为世界第一高楼。其他开发商意欲超越这一高度，但具体项目尚未公开

# 例一: 世界贸易中心7号楼
## 纽约

**7 WORLD TRADE CENTER**
New York City
**Skidmore, Owings & Merrill**

SOM为我们翘首以待的世界贸易中心重建投下了170万ft²线索

**By Russell Fortmeyer** 孙田 译 钟文凯 校

**建筑师:** Skidmore, Owings & Merrill—David Childs, FAIA, 设计合伙人; T.J. Gottesdiener, FAIA, 管理合伙人; Carl Galioto, AIA, 技术合伙人; Ken Lewis, 项目经理; Peter Ruggiero, AIA, 高级设计师; Christopher Cooper, AIA, 高级设计师; Nicholas Holt, AIA, 高级技术协调人

**业主:** Silverstein Properties

**顾问:** WSP Cantor Seinuk (结构); Jaros Baum & Bolles (水、电、暖通, 垂直交通, 可持续性); Philip Habib & Associates (市政); Ken Smith Landscape Architects; Cline Bettridge Bernstein Lighting Design; Cerami & Associates (声学); Pentagram (标识); Mueser Rutledge Consulting Engineers (岩土工程); Ducibella Venter & Santore (安全); James Carpenter Design Associates (艺术家); Jenny Holzer (艺术家)

**施工管理:** Tishman Construction Corporation

**规模:** 170万ft²
**造价:** 保密
**完工日期:** 2006年5月

**材料/设备供应商**
**玻璃:** Viracon
**屏幕墙LED照明:** LED Effects
**顶冠照明:** Kim Lighting

给该项目评定等级及更多内容请登陆: architecturalrecord.com/bts/.

**在**纽约被毁的世界贸易中心基地上，该怎么建？可怎么建？会怎么建？撰述已连篇累牍。精装书册很可能会填满已实际建成的惟一塔楼：SOM的世界贸易中心7号楼（7 World Trade Center），或"世贸七"（7 WTC）。

自20世纪90年代柏林波茨坦广场重建以来，建筑界在"重建"议题上别无可相提并论之作：一片废墟之址，在一个民族的政治、国家和文化想像中占据特殊之地，您在其上建什么？如果您是FAIA大卫·蔡尔兹——或许是今日SOM最著名的设计建筑师——您先造一座52层的摩天楼，权作各种各样的，技术的、美学的、合作的，以及意志的试验——在投入到目前正在施工、相邻的102层"自由塔"（Freedom Tower）之前。

### 策划

如果您打开一张过往六年的报纸，您知道拉里·西尔维斯坦（Larry Silverstein）是世贸中心地块的发展商，他在"9·11事件"发生前数周从纽约-新泽西港区管委会（Port Authority of New York and New Jersey）租得该地产。但是，他与这一地块的渊源要早于此。1987年，西尔弗斯坦建成原来那幢"世贸七"，由埃默里-罗思父子事务所（Emery Roth & Sons）设计，建于服务曼哈顿下城

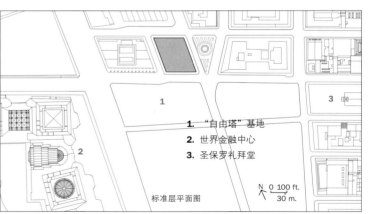

1. "自由塔"基地
2. 世界金融中心
3. 圣保罗礼拜堂

标准层平面图    N 0 100 ft.
30 m.

的、1967年的爱迪生联合电力公司（Con Edison）变电站之上，或许您从未知晓，因为原来那座塔楼与世贸中心架高的裙楼直接相连。"9·11"灾难之后，几乎是转瞬之间——"世贸七"人去楼空，烧了，倒了，紧急救援人员一心拯救生命时——西尔弗斯坦将原建筑的设计团队和新的建筑师

SOM带到一起，重新思考这一基地，以便爱迪生联合电力公司重建变电站。

蔡尔兹说，他很快意识到通过重新打开被原先的"世贸七"挡住的格林尼治街（Greenwich Street），可以使曼哈顿下城和世贸中心基地重新连接起北面的城市。"把这条线还

摄影: © Ruggero Vanni; David Sundberg/Esto (对页, 左二图); Chuck Choi (对页, 右图)

高达741ft的"世贸七"目前在世贸地块占据支配地位（对页顶图）。这幢建筑平行四边形的基底位于基地的西半，打开了沿格林尼治街向北的视野（右图）。夜间，按编程显示的蓝白LED照明将塔楼的基部变成变幻的发光表面（上图）。多样的不锈钢线材（顶图）创造出日间的波纹干涉图样

与SOM合作设计幕墙（左图）的艺术家詹姆斯·卡彭特(James Carpenter)说，基部的幕墙由一家可节约造价的矿业工程公司制造。外圈线材一半开敞，可作许多视觉效果。肯·史密斯（Ken Smith）设计的广场（右下图）包括板凳、胶皮糖香树（sweet-gum trees）和轮换放置艺术装置的空间，譬如出自西尔维斯坦(Silver-stein)收藏的杰夫·孔斯（Jeff Koons）的"气球花"（Balloon Flower）

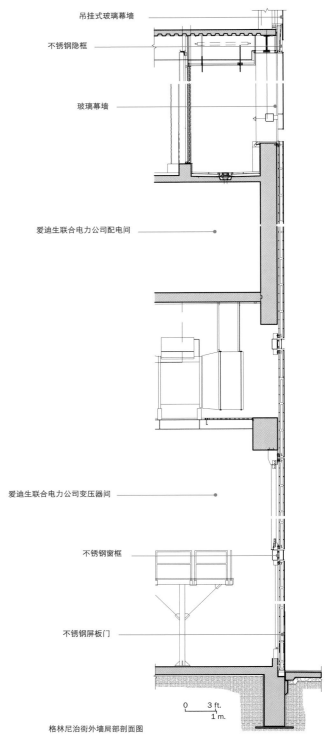

吊挂式玻璃幕墙

不锈钢隐框

玻璃幕墙

爱迪生联合电力公司配电间

爱迪生联合电力公司变压器间

不锈钢窗框

不锈钢屏板门

0 ——— 3 ft.
—— 1 m.

格林尼治街外墙局部剖面图

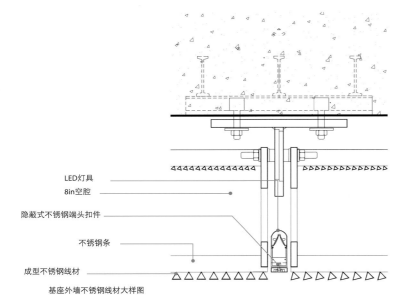

LED灯具

8in空腔

隐蔽式不锈钢端头扣件

不锈钢条

成型不锈钢线材

基座外墙不锈钢线材大样图

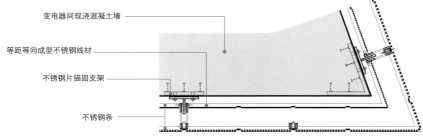

变电器间现浇混凝土墙

等距等向成型不锈钢线材

不锈钢片锚固支架

不锈钢条

基座外墙尖角大样图

原，就视觉而言、城市而言、历史而言都是重要的，因为格林尼治（街）是哈德逊河（Hudson River）原先的边界，"蔡尔兹说。让西尔弗斯坦信服花了些功夫，因为这意味着减少建筑的基底面积和最终的建筑面积，虽然有170万ft²，仍比区划所允许的空间少。而且，变电站和设备用房占据了大楼的下面10层，故可出租空间不过42层。这一要求通风良好、方便可达的基座，对设计一幢"筒加壳"的出租办公楼的建筑师们提出了严峻挑战。

**解决办法**

SOM做出两项关键决定，确保了塔楼的成功：由于前述受限的基底，将建筑置于基地的西面，留出格林尼治街和西百老汇街之间用作公共广场；并与一些知名人物合作——光与玻璃艺术家詹姆斯·卡彭特（James Carpenter）和立面制造商Permasteeli-sa——开发多层面的幕墙。

"世贸七"的幕墙有四种表面的变化——基部变电站处用不锈钢，设备房用通风玻璃幕墙，42层的透明玻璃幕墙，以及与SOM于2003年设计的时代华纳中心（Time Warner Center）相似的发光顶冠。SOM与卡彭特合作，把基座设计为由三角形截面的双层不锈钢线材组成的外墙，不锈钢线材等距离排布，沿着支撑结构旋转，如同精致极简的尖桩篱栅。白天，日光沐浴这一立面，创造出波纹干涉(moiré)图案，激活了人行道上的建筑物。其上，玻璃幕墙仿佛悬垂在建筑物上，因为嵌入的楼层间不锈钢板把光反射到悬下的玻璃的背面（见对页外墙剖面顶部）。晚间，小柱子后安装的LED灯反射在内层不锈钢线材上，转变了建筑物的面貌。

鲜为人知的是建筑中已然影响摩天楼设计的结构和安全创新。西尔维安·马库斯（Silvian Marcus）是项目的结构工程师，也是坎特-塞伊努克（Cantor Seinuk）工程公司的首席执行官，他设计的原先的"世贸七"为全钢结构，但是这一回，他发展出混凝土核心筒加外圈超静定钢柱的体系，消除了对连续倒塌的顾虑，亦让室内

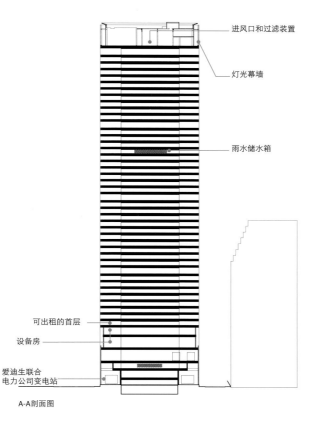

进风口和过滤装置

灯光幕墙

雨水储水箱

可出租的首层

设备房

爱迪生联合
电力公司变电站

A-A剖面图

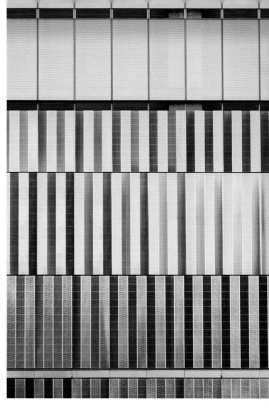

1. 广场
2. 大堂
3. 爱迪生联合电力公司变电站
4. 装卸
5. 维西街
6. 格林尼治街
7. 巴克利街
8. 华盛顿街
9. 标准层无柱楼板
10. 核心筒
11. 西百老汇

9

10

标准层平面图

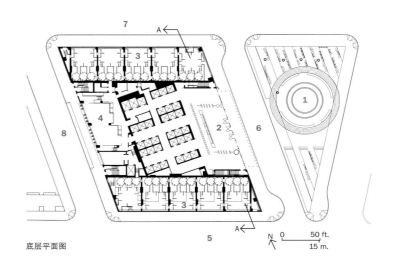

底层平面图

N  0    50 ft.
   15 m.

珍妮·霍尔泽的LED装置
（上图）自楼面悬挑14ft，
置于SOM芝加哥事务所的
比尔·贝克（Bill Baker）
设计的结构之上。"世贸
七"是一座获环境与能
源先锋金奖认证的"简
加壳"办公楼（纽约首
例），但华美的大堂却背
离了这一事实，以白、灰
大理石为饰。吊挂式的玻
璃墙（右图）、玻璃雨篷
以及配有红、白、蓝可调
节亮度的T5日光灯的照明
玻璃顶棚营造了一种流畅
明亮的氛围

完全开敞。

虽然协调混凝土和钢两种分属不同行会的工作在纽约的项目中出名地困难，马库斯称这一核心筒办法提高了安全性。这些周边柱子通过马库斯称之为"外伸支架（outriggers）"的构件联系核心筒。"外伸支架"是类似桁架的装置，让柱子仅承担重力荷载，于是能缩减柱子尺寸，并使任何一根柱子的受损不会危及整体结构。坎特-塞伊努克工程公司计划将这一办法用于"自由塔"和其他世贸中心摩天楼。

很大程度上是因为"世贸七"，国际规范理事会近期在适用于超过420ft的楼宇的规范中，增加了要多设一道逃生楼梯的要求。"世贸七"中的楼梯，涂着泡沸油漆，已比规范要求宽了20%，避开大堂，直接通往街道出口。

## 评价

从耀目的基座直至斑驳入云的顶冠，"世贸七"令人痴迷的表面效果在曼哈顿塔楼的近期佳作中一枝独秀。仅就纯粹的光彩华丽而言，只有诺曼·福斯特2006年的赫斯特大厦（Hearst Tower，见《建筑实录年鉴》Vol.3/2006，pp44-51）可与之相比，但是赫斯特大厦因退避街道而显得无足轻重，并选择将其最好的空间——中庭——留给雇员。在"世贸七"，地面层的城市姿态包括一座戏剧化的珍妮·霍尔泽（Jane Holzer）LED装置，这一装置投射着短句，穿过大堂的幕墙，伸入景观设计师肯·史密斯（Ken Smith）设计的广场——这种姿态是慷慨的，西尔维斯坦本可将整片地填满房子。虽然"世贸七"未能使蔡尔兹和其公司从公众对"自由塔"的持续批评中解脱出来，它确实已为曼哈顿无可比拟的摩天楼收藏添上了一件重要的作品。

H3哈迪合作建筑事务所（H3 Hardy Collaboration Architecture）在"世贸七"的第四十层为纽约科学院设计了一个新家。这一于2006年10月开幕的空间，从学院的兴趣取法，包括沿划分南北的办公室走廊陈列超大尺寸的花朵摄影。这些花朵是与平面设计师2X4合作制作的。大堂中的隔屏（顶图）描绘了纽约的街道网格，暗示了学院过去的数个所在地。演讲厅（上图）则可一览令人称羡的城市全景

# 例二：运动城塔
## 卡塔尔多哈

**SPORTS CITY TOWER**
Qatar
**AREP & Hadi Simaan**

公司和哈迪·西马恩以戏剧化与工程技术手法在一座迅速发展的中东国家城市里设计了一处标志性建筑

**By Sam Lubell　罗超君 译　戴春 校**

**建筑师：** AREP与哈迪·西马恩——艾蒂安·特里科(Etienne Tricaud)为主要合伙人；布鲁诺·萨雷为项目建筑师；阿里·德伯内(Ali Dehbonei)为施工建筑师

**委托人：** 卡塔尔政府

**顾问：** 奥雅纳公司（结构、m/e/p、声学、防火、防风、抗震分析）；ECART公司（室内设计）；凯文·肖(Kevan Shaw)照明设计公司（照明、发光二极管设计）；Gilles Drossart（装饰）。

**总承包：** 贝西克斯公司和米德马克（MIDMAC）公司

**规模：** 430556 ft²
**造价：** 1.75亿美元
**竣工日期：** 2007年5月

**材料/设备供应商**
**结构系统：** 阿塞勒集团(Arcelor)
**玻璃和天窗：** 圣戈班集团(Saint Gobain)
**LEDs：** Philips Lumileds Luxeon LEDs
**照明控制系统：** Artistic License Colour Tramp, with Art-Net DMX

给该项目评定等级以及更多内容请登陆：
architecturalrecord.com/bts/.

为第15届亚运会服务的卡塔尔多哈运动城塔建于2006年11~12月，这不是一幢实用建筑。43万 ft²的有效建筑面积相对于1000 ft的高度而言显得微不足道。然而，法国AREP公司并没有接受业主卡塔尔皇储谢赫·贾西姆·本·哈马德的意见，为实用功能而担心。他们决定设计一座纪念性建筑，使其成为这个飞速发展国度的标志。

## 功能

这栋51层塔呈抛物线形，作为去年亚运会的巨大火炬，同时也包含了从其混凝土核心部分悬挑出来的其他建筑功能：一个18层的酒店、一个3层的体育博物馆、一个4层的谢赫·本·哈马德总统公寓、一个3层的旋转餐厅和塔顶一个2层的观景台。由于项目的延期开工（包括承包商和建筑师的更换），建筑师必须在18个月内完成这个耗资1.75亿美元的工程。该塔楼酒店未能招募到运营商，因此室内装修尚未完成。

## 方案

2005年，AREP公司被选为合作单位，配合当地建筑师哈迪·西马恩的概念草图进行建筑设计，西马恩设想的锥体形状强调了亚运会圣火的概念，

Sam Lubell是加利福尼亚《建筑师新闻》(The Architect's Newspaper)报的编辑。

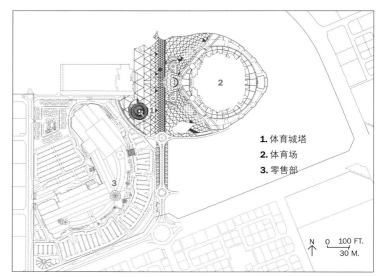

1. 体育城塔
2. 体育场
3. 零售部

N　0　100 FT.
　　30 M.

并与平缓的沙漠形成鲜明的对比。

建筑师与结构工程师伦敦奥雅纳公司密切合作进行深化设计，最终的形式是一个3~6ft厚的钢筋混凝土圆柱体（核心筒），圆柱体截面直径为40~60ft不等，建筑核心筒每层伸出一圈放射形网状的悬挑钢梁。核心筒本身由钢柱、金属平台、混凝土楼板和外部支承玻璃板外墙的受拉或受压的圈梁构成。每层核心筒底部浇筑玻璃纤维增强混凝土。梁和钢柱插入混凝土核心筒牢牢固定住，并将所有结构构件结合起来，从而将竖向荷载从列柱和圈梁传至核心筒。

在核心筒外，AREP公司设计了一片张拉结构透明钢网面固定在与建筑外部圈梁相连的钢框架上，悬覆于建筑外部，勾勒出建筑轮廓。方格状网面的竖向间距随着建筑高度的上升

而变大，根据风荷载的递增进行调整；在南面则随着日照强度的增大而调小。整栋建筑底部宽230 ft、中部宽85 ft、顶部宽108 ft。

火炬通过一个100 ft高的铝板覆面倒锥体内的一根长管燃烧，而倒锥体本身则位于一个230 ft高的斜网格钢框架内。钢框架底部通过一个由圈梁加固的混凝土框架进行锚固，圈梁又通过放射状布局的混凝土柱列与核心筒连接在一起。AREP公司的项目负责人布鲁诺·萨雷（Bruno Sarret）指出，大风可避免火焰的热量引发火灾。

为酒店设计的大堂是一个230 ft高的空间，有一个3层高的大楼梯和表面浅刻道痕的大理石地板，使人联想到田径跑道。

摄影：©AREP公司，贝西克斯公司，米德马克公司

985 ft高的塔顶安置着亚运会期间燃烧的火炬，还有一些观景台和为规划中的旋转餐厅预留的空间。巨大的调谐式风门为完全由混凝土核心筒支承的塔楼减轻了鞭梢效应

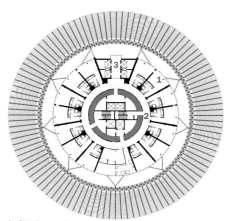

标准酒店平面图

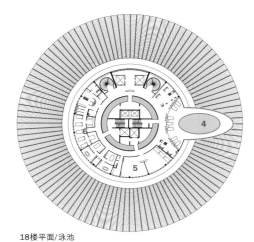

18楼平面/泳池

1. 酒店标准间
2. 坚固的混凝土核心筒
3. 酒店电梯
4. 游泳池
5. 健身房
6. 温泉
7. 酒店大堂
8. 次要大厅
9. 厨房
10. 装卸平台
11. 设备间
12. 餐厅
13. 酒店套房

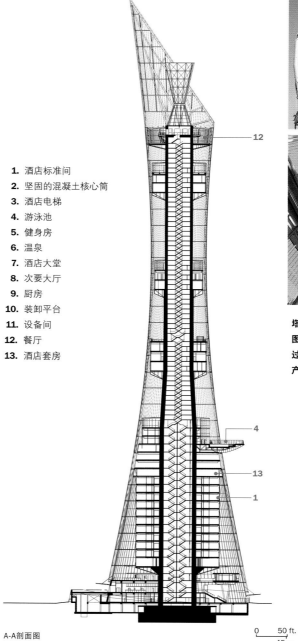

A-A剖面图

0    50 ft.
0    15 m.

塔顶网孔较大的网面（上图、顶图）使风可以穿过，从而降低了火炬燃烧产生的热量

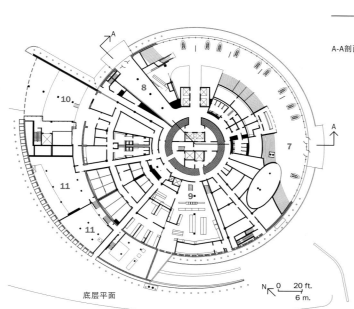

底层平面

N    0    20 ft.
     0    6 m.

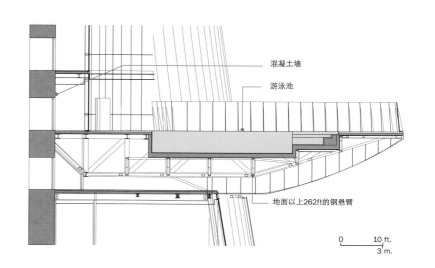

混凝土墙

游泳池

地面以上262ft的钢悬臂

0    10 ft.
0    3 m.

## 评论

这个巨大的建筑体量需要一些信念的跳跃。例如，承包商贝西克斯公司(BESIX)对火炬位于建筑上的效果就有一些不安，直到建成后第一次燃起才安下心来。"他们曾警告我们，'你们不会希望以一个不好的记录来为这个项目画上句点吧。'"萨雷如是说。

尽管酒店尚未完工令人感到遗憾，但是这座位于市中心东面占地320英亩的运动城塔楼轻易就成为一系列包括一个新体育场、竞技场和一个清真寺在内的公共项目中最高、最引人注目的建筑了。在夜里，4000个线路埋设于框架内的发光二极管灯具释放出绚烂的色彩，形成绝美的图案，创造出预期的摄人心魄的效果。

玻璃围合的大堂（左下图、右图）与体面的钢、网面以及塔顶的混凝土结构（左图）相呼应。大堂内部由法国ECART公司负责室内设计，将于2009年完工。塔楼（底图）复杂的建造工序要求承包商先浇筑混凝土核心筒，随后悬挑钢结构构件，酒店设施最终将支承在这些悬挑构件上

# 例三: 蒙得维的亚塔楼
## 荷兰鹿特丹

**MONTEVIDEO TOWER**
The Netherlands
**Mecanoo Architects**

在建筑最为进步的欧洲城市之一，麦卡努用一座多面的公寓楼彻底改变了后工业化的码头

**By Penelope Dean**　茹雷 译　戴春 校

**建筑师:** 麦卡努建筑师事务所——Francine Houben项目主管; Aart Fransen, 建构主管; Allart Joffers, 资深建筑师

**甲方:** ING地产

**顾问:** ABT (结构); Schreuder Groep (设备、水电); Adviesbureau Peutz & Associates (环境); Ineke Hauer, Rick Vermeulen (艺术家); Kats & Waalwijk Group (项目管理)

**建设总承包:** BESIX

**面积:** 619250ft$^2$

**造价:** 1.2亿美元 (估算)

**建成日期:** 2006年5月

**材料/设备:**

**电梯:** Kone

**混凝土模板:** Doka

给该项目评定等级以及更多内容请登陆:
architecturalrecord.com/bts/.

坐落在由本·范·博克尔(Ben van Berkel)设计的依拉斯谟(Erasmus)大桥与H·A·马斯坎特(Maaskant)设计的欧洲桅杆 (又称"太空塔")之间，几乎与维尔·阿瑞茨(Wiel Arets)设计的黑色双塔楼完美地连成一线而又比它高出许多，一个巨大、旋转的字母"M"迅速变成了鹿特丹熙攘拥挤的濒水区的天际线。

人们必须向南走过鹿特丹的中央大街——库尔辛格尔街(Coolsingel)，再穿过依拉斯谟大桥。这时这个旋转"M"的"基座"才显露在视野里:那是一座矗立在城市一端的威廉米娜(Wilhelmina)码头上的细细高高的呈现出灰白橙三种颜色的塔楼，包裹着不同的材质。待右转迈向码头的尽端，这座由荷兰建筑师麦卡努设计的、新近完工的大楼，就呈现成一系列叠加而成的体块。迈入这座大楼的门厅后，那个巨大的字母M的意义便被揭示出来:一幅乌拉圭的地图表明M不仅仅是该国首都蒙得维的亚的字首，同时也是这座大楼的名称。另外，根据建筑师的说法，M也是一个印证"鹿特丹的航海传统"的标志项目计划。

麦卡努的蒙得维的亚塔楼是

Penelope Dean是伊利诺伊大学芝加哥分校建筑学助理教授、建筑师。

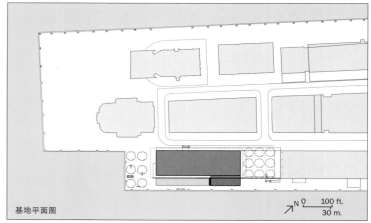

基地平面图

N　0　100 ft.
　　0　30 m.

1999年经由ING地产与鹿特丹都市规划局委托而为威廉米娜码头区规划的几个高层建筑之一。随着港口业务向西迁移临近海岸，作为鹿特丹旧港口的一部分，这里被重新开发利用。这一地区被恰当地称作"摩天楼城"，构成伦敦福斯特及其合伙人事务所规划总图的一个部分，其目标是把商业与居住分区用休闲与都市的功能内容整合在一起。蒙得维的亚塔楼是以居住为主体的建筑，位于码头的南边，与前身是荷兰-美洲航运公司(Holland-Amerika Line)办公楼的纽约酒店比邻。虽然只有43层高，但建筑

摄影: © CHRISTIAN RICHTERS

和屋顶的M向远方的标示
类似，将近500ft高的蒙得
维的亚塔楼的东-西切面看
上去像是一个超大尺寸的
谢里夫字体的字母L，用另
一个"大写字母"把建筑
推向眼前。塔楼所处的威
廉米娜码头的显著位置保
证了这个由里克·维尔穆伦
（Rick Vermeulen）设计
的M在这座港口城市的各
个地方都能被看见

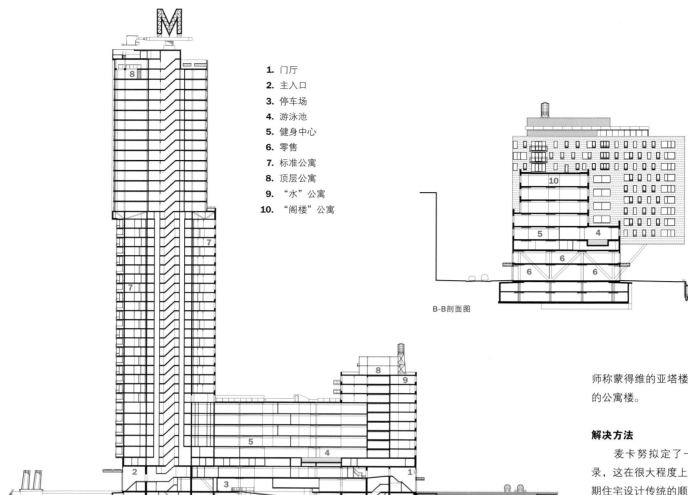

1. 门厅
2. 主入口
3. 停车场
4. 游泳池
5. 健身中心
6. 零售
7. 标准公寓
8. 顶层公寓
9. "水"公寓
10. "阁楼"公寓

B-B剖面图

0    20 ft.

6 m.

A-A剖面图

师称蒙得维的亚塔楼是荷兰全国最高的公寓楼。

## 解决方法

麦卡努拟定了一套公寓样式目录，这在很大程度上是一种对荷兰近期住宅设计传统的顺应。它用不同的销售尺寸来应对各种家庭类型与生活方式。他们一共为129个单元设计了54种不同的样式

建筑师根据功用不同在剖面上加以组织，大公寓被叠放在主塔楼内：5层的"阁楼"层(loft)、20层的"城市"层、14层的"天际"公寓，以及顶层公寓。10层的"水"公寓则在挑向水边的短塔楼内创造出一个豪宅风味的混合体。两座塔楼之间由5层的横向裙楼联结，其中容纳了办公室与公共设施，比如游泳池与健身中心。

麦卡努把蒙得维的亚塔楼描述成由"交叉的体块"组成的"竖向城市"。乍看之下，它的形式组合显现为功用内容的组织结果。可是如果考虑到塔楼的外形并不直接对应平面上公寓的进退凹凸，那么这座建筑的外形也就暗示着以结构体系和立面表述来驱策的一种体块的逻辑。的确，它有着变化的构造，从首层、二层的钢构到"混凝土攀升形式"（共27层），再回到钢结构（共14层），

支撑"水"公寓的悬挑臂（上左图）。在门厅内（上图），一幅乌拉圭地图回味着该城的航海传统以及这座塔楼的名字

一种钢与混凝土结构的组合界定了各种立面材料（左图），并且打破了塔楼的整体体块。这恰好与美国塔楼所偏好的重复平面与单一材料形成反差

1. 主入口
2. 门厅
3. 零售
4. 停车场坡道
5. 游泳池
6. 健身中心
7. "水"公寓
8. 双层/跃层公寓
9. 顶楼公寓

复式楼平面图

十层平面图

三层平面图

一层平面图

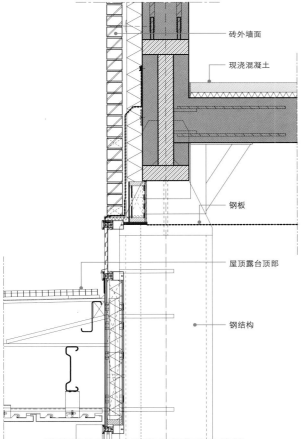

砖外墙面

现浇混凝土

钢板

屋顶露台顶部

钢结构

结构转换细部

麦卡努设计了54种不同的公寓类型，包括大型的阁楼式单元（左图）以及带有阳台的更常规的单元，面向马斯(Maas)河（下图）。三层的游泳池（下左图）是向公众开放的健身中心的一部分。作为名至实归的豪华建筑，41层楼的顶楼单元拥有自己的私家游泳池

这使得建筑得以具备多样的空间结构。不同的外墙材质——预制混凝土、砖，以及铝幕墙——限定了塔楼的不同体块部分。只有立面上的窗透露出其内部公寓的排布。这种对麦卡努所指称的重复性的"住宅计划"，即荷兰的一种通过外部长廊进出的雷同户型的建筑类型的背离，转而更加趋向于一种细分的体块式组合则标志了另一个形式的转变：水平性与可读性让位于立体性与模糊性。

**评价**

　　或许，有关麦卡努的蒙得维的亚大楼的最有趣的地方在于它给现有的有关城市天际线的论辩加入了一个新的塔楼种类。作为一个片层状体块的苗条聚合，像一个没有紫菜皮的寿司卷，它与冗赘地重复着由胖到瘦的剖面的美国式常规分道扬镳。并非破解开体块式的形式，类似SOM在1973年的芝加哥西尔斯大楼中，用逐渐收窄的细瘦外型以适应地产需求；或是休·费里斯(Hugh Ferris)于20世纪30年代的退台式体块包含了对曼哈顿分区法规的解析，麦卡努只是简单地建造了一个不同盒子的拼贴。这种处理或许可以最佳地形容为城市的新"视觉"类型，由含混的构图逻辑，而非文脉、退红线规定，或经济原因所界定的细薄感。在看来是更为随意的设计实践中，麦卡努的蒙得维的亚塔楼指出了欧洲与美国高层建筑在设计中的差异。